U0637932

物化历史系列

寺观史话

A Brief History of Temples in China

陈可畏 / 著

社会科学文献出版社
SOCIAL SCIENCES ACADEMIC PRESS (CHINA)

图书在版编目（CIP）数据

寺观史话／陈可畏著．—北京：社会科学文献出版社，2012.3（2014.8重印）
（中国史话）
ISBN 978－7－5097－3095－9

Ⅰ.①寺… Ⅱ.①陈… Ⅲ.①寺庙－建筑史－中国 Ⅳ.①TU－098.3

中国版本图书馆CIP数据核字（2011）第282365号

"十二五"国家重点出版规划项目

中国史话·物化历史系列
寺观史话

著　　者／陈可畏

出 版 人／谢寿光
出 版 者／社会科学文献出版社
地　　址／北京市西城区北三环中路甲29号院3号楼华龙大厦
邮政编码／100029

责任部门／人文分社（010）59367215
电子信箱／renwen@ssap.cn
责任编辑／王琛玚
责任校对／宋淑洁
责任印制／岳　阳
经　　销／社会科学文献出版社市场营销中心
（010）59367081　59367089
读者服务／读者服务中心（010）59367028

印　　装／北京画中画印刷有限公司
开　　本／889mm×1194mm　1/32　印张／6.75
版　　次／2012年3月第1版　字数／132千字
印　　次／2014年8月第2次印刷
书　　号／ISBN 978－7－5097－3095－9
定　　价／15.00元

《中国史话》编辑委员会

总　序

中国是一个有着悠久文化历史的古老国度，从传说中的三皇五帝到中华人民共和国的建立，生活在这片土地上的人们从来都没有停止过探寻、创造的脚步。长沙马王堆出土的轻若烟雾、薄如蝉翼的素纱衣向世人昭示着古人在丝绸纺织、制作方面所达到的高度；敦煌莫高窟近五百个洞窟中的两千多尊彩塑雕像和大量的彩绘壁画又向世人显示了古人在雕塑和绘画方面所取得的成绩；还有青铜器、唐三彩、园林建筑、宫殿建筑，以及书法、诗歌、茶道、中医等物质与非物质文化遗产，它们无不向世人展示了中华五千年文化的灿烂与辉煌，展示了中国这一古老国度的魅力与绚烂。这是一份宝贵的遗产，值得我们每一位炎黄子孙珍视。

历史不会永远眷顾任何一个民族或一个国家，当世界进入近代之时，曾经一千多年雄踞世界发展高峰的古老中国，从巅峰跌落。1840 年鸦片战争的炮声打破了清帝国“天朝上国”的迷梦，从此中国沦为被列强宰割的羔羊。一个个不平等条约的签订，不仅使中国大量的白银外流，更使中国的领土一步步被列强侵占，国库亏空，民不聊生。东方古国曾经拥有的辉煌，也随着西方列强坚船利炮的轰击而烟消云散，中国一步步堕入了半殖民地的深渊。不甘屈服的中国人民也由此开始了救国救民、富国图强的抗争之路。从洋务运动到维新变法，从太平天国到辛亥革命，从五四运动到中国共产党领导的新民主主义革命，中国人民屡败屡战，终于认识到了“只有社会主义才能救中国，只有社会主义才能发展中国”这一道理。中国共产党领导中国人民推倒三座大山，建立了新中国，从此饱受屈辱与蹂躏的中国人民站起来了。古老的中国焕发出新的生机与活力，摆脱了任人宰割与欺侮的历史，屹立于世界民族之林。每一位中华儿女应当了解中华民族数千年的文明史，也应当牢记鸦片战争以来一百多年民族屈辱的历史。

当我们步入全球化大潮的21世纪，信息技术革命迅猛发展，地区之间的交流壁垒被互联网之类的新兴交流工具所打破，世界的多元性展示在世人面前。世界上任何一个区域都不可避免地存在着两种以上文化的交汇与碰撞，但不可否认的是，近些年来，随着市场经济的大潮，西方文化扑面而来，有些人唯西方为时尚，把民族的传统丢在一边。大批年轻人甚至比西方人还热衷于圣诞节、情人节与洋快餐，对我国各民族的重大节日以及中国历史的基本知识却茫然无知，这是中华民族实现复兴大业中的重大忧患。

中国之所以为中国，中华民族之所以历数千年而不分离，根基就在于五千年来一脉相传的中华文明。如果丢弃了千百年来一脉相承的文化，任凭外来文化随意浸染，很难设想13亿中国人到哪里去寻找民族向心力和凝聚力。在推进社会主义现代化、实现民族复兴的伟大事业中，大力弘扬优秀的中华民族文化和民族精神，弘扬中华文化的爱国主义传统和民族自尊意识，在建设中国特色社会主义的进程中，构建具有中国特色的文化价值体系，光大中华民族的优秀传统文化是一件任重而道远的事业。

当前，我国进入了经济体制深刻变革、社会结构深刻变动、利益格局深刻调整、思想观念深刻变化的新的历史时期。面对新的历史任务和来自各方的新挑战，全党和全国人民都需要学习和把握社会主义核心价值体系，进一步形成全社会共同的理想信念和道德规范，打牢全党全国各族人民团结奋斗的思想道德基础，形成全民族奋发向上的精神力量，这是我们建设社会主义和谐社会的思想保证。中国社会科学院作为国家社会科学研究的机构，有责任为此作出贡献。我们在编写出版《中华文明史话》与《百年中国史话》的基础上，组织院内外各研究领域的专家，融合近年来的最新研究，编辑出版大型历史知识系列丛书——《中国史话》，其目的就在于为广大人民群众尤其是青少年提供一套较为完整、准确地介绍中国历史和传统文化的普及类系列丛书，从而使生活在信息时代的人们尤其是青少年能够了解自己祖先的历史，在东西南北文化的交流中由知己到知彼，善于取人之长补己之短，在中国与世界各国愈来愈深的文化交融中，保持自己的本色与特色，将中华民族自强不息、厚德载物的精神永远发扬下去。

《中国史话》系列丛书首批计200种，每种10万字左右，主要从政治、经济、文化、军事、哲学、艺术、科技、饮食、服饰、交通、建筑等各个方面介绍了从古至今数千年来中华文明发展和变迁的历史。这些历史不仅展现了中华五千年文化的辉煌，展现了先民的智慧与创造精神，而且展现了中国人民的不屈与抗争精神。我们衷心地希望这套普及历史知识的丛书对广大人民群众进一步了解中华民族的优秀文化传统，增强民族自尊心和自豪感发挥应有的作用，鼓舞广大人民群众特别是新一代的劳动者和建设者在建设中国特色社会主义的道路上不断阔步前进，为我们祖国美好的未来贡献更大的力量。

陈奎元

2011年4月

目录

引　言

佛寺和道观，是同佛教的传入，道教的创立及其流传、发展紧密相连的。其建筑的格式与布局，都经历了一个长期的发展过程，最后才变成今天这样的建筑格局。

寺、观建筑，体现和保存了我国优秀的传统建筑艺术，以及古代印度、尼泊尔的佛寺建筑艺术；寺、观内部的壁画和各种塑像、雕像，许多是我国或者世界的艺术珍宝，是研究我国建筑史、绘画和雕塑史的资料宝库。

中国的寺、观，内容丰富多彩，全面阐述是很困难的。在这本小册子里，我们主要是介绍中国佛寺和道观建筑的历史发展及其演变的过程，同时简略地介绍一下内部的布置与僧、尼、道士、道姑的宗教生活，为广大读者提供一些常识。

一　汉魏晋代的佛寺、道观建筑与僧人、道士的宗教生活

1　佛教传入中国与早期的佛寺建筑

约在公元前 600 年，佛教创立于古印度的迦毗罗卫国（今尼泊尔南部），创始人为释迦牟尼。但是，直到东汉明帝时才传入中国。据说，在永平七年（公元 64 年）的一个夜里，汉明帝梦见一位高大的金人，头顶有日月之光。他醒来之后，询问群臣："此梦有什么凶吉？"有的大臣告诉他："皇上梦见的金人是西方之神佛祖，听说他神通广大，专门救苦行善。"明帝听了很高兴，立刻派蔡愔（音 yīn）、秦景等前往天竺（即古印度）求佛法，并画佛祖之像。不久，蔡愔等回国，不仅带回了许多佛经和佛像，而且带回了摄摩腾、竺法兰两位天竺僧人。接着，明帝就下诏修建白马寺，保存这批佛经、佛像，并安置两位天竺僧人住在这里。

在天竺，佛寺叫做"僧伽蓝摩"，简称"伽

蓝”。那么，为什么当时中国不称“伽蓝”而叫做“寺”呢？原来，“寺”是中国官府的名称。当时的中央政府中，有鸿胪寺、大常寺等。鸿胪寺是中央政府中主管宾客、朝会礼仪的机构，犹如今天的礼宾司。因此，摄摩腾、竺法兰到洛阳（今河南洛阳市东北12公里汉魏洛阳故城）时，便住在鸿胪寺的客舍里。不久，明帝令鸿胪寺在洛阳城雍门（即西门）外三里御道南给他俩建造伽蓝，因此，便称此寺为“白马寺”。

为什么叫它为“白马寺”呢？这是因为蔡愔等东归时，是用两匹白马驮着佛经、佛像回到洛阳的，为了纪念这两匹劳苦功高的白马，所以取名“白马寺”。后来，这两匹白马先后死去，东汉政府又在寺门外的东西两侧，雕塑两匹白石马，作为纪念。这两匹石马后来被毁。今寺门外站立的两匹青石马，是北宋时期补作的。

东汉时期的白马寺，完全采用天竺的伽蓝建筑模式。位于全寺中心的是佛塔，梵文叫“浮图”。它是一座木结构的四方形建筑物，高九级（层），气势雄伟。佛塔是供奉佛祖释迦牟尼“舍利”（即遗骨）及存放宝物的地方，相当于中国人的祖宗神庙，因此，当时的中国人又称之为“塔庙”。由于佛塔是全寺中最神圣和最具纪念性的主体建筑，故制作非常考究，精美而庄严。佛塔之后是殿堂，其建筑形状也完全是天竺式，与现在的佛殿建筑不同。殿堂里面正中，供奉着佛祖释迦牟尼站立的画像，画像前是精致的香案。在两侧，是有关佛祖神话故事的彩画。这些彩画，都出自宫廷的名师高手。画中人物、鸟兽惟妙惟肖，树木、殿宇千姿百态。殿堂是僧侣们进行宗教活动的地方，他们每天早晚要在这里念经、拜佛，或聆听长老说法；从天竺带回的佛经，也存放在这里，以便僧侣们随时取阅。在佛塔、佛殿的周围，是僧房、客舍、库房、厨房和厕所等，最前面的是门房和接待室。僧房是僧侣休息和习经、译经的地方；客舍是招待西域游僧和西域商贾、信徒居住的地方；招待室是接待来访客人的地方。当时，佛教僧侣完全限于西域（包括天竺）人，所以，最初的白马寺规模很小。但是，中国的佛教由此发源，因而白马寺被后人尊为中国佛教的祖庭。自白马寺开始，中国人便把僧侣修行拜佛的建筑物，都称之为“寺”，一直沿用至今。

在东汉时期，除了白马寺之外，在河南巩县南20公里的青龙山还有慈云寺，据说是明帝时摄摩腾、竺法兰创建；在登封县的嵩山南麓，还有法王寺，传说是明帝永平十四年（71）创建。这两座佛寺的建筑模式，均与白马寺相同，唯佛塔分别为三级和五级。

东汉末年，笮（音 zé）融在徐州下邳（今江苏睢宁县北古邳镇）修建了一座规模宏大的佛寺——浮图祠。笮融是徐州牧陶谦（字恭祖）部下监督广陵（今江苏扬州市西北平山堂）、下邳、彭城（今江苏徐州市）的漕运官，他“坐断三郡委输以自入”，贪污了大笔钱财后，为了积“阴德”，便大修浮图祠。该祠塔高九级，上垂铜槃；重楼加阁道，大殿里面可容三千人；又以铜铸佛像，外涂黄金，衣以锦彩；殿宇之内，陈设十分豪华。他广招附近各地的好佛者来听名僧说法，来者往往达五千余人。每次大会，他都布施酒饭，在道路上设宴，长达数里，就餐的多达万人，耗费以亿计。可见，这时的佛寺规模已经扩大，并且装饰富丽堂皇；里面供奉的佛像，已不再是画像，而是塑像或铜像、贴金像了。浮图祠代表了东汉末年至三国时期佛寺建筑的发展趋向。

在吴都武昌（今湖北鄂州市），有座佛寺，名昌乐院，是延康元年（220）孙权所建，它的建制与白马寺相同。

此外，据传东汉时期的佛寺还有四川新都县旧城北的宝光寺，山西五台县的显通寺和榆次县的永寿寺。然而，这些说法都不可靠。如宝光寺，正史和《华阳国志》都没有记载。众所周知，这个地区当时是道教活动的中心，不大可能建造佛寺。显通寺所处的五台山区，当时非常荒凉，又位于灵鹫峰腰，交通很不方便；而榆次县是一个小县，这与当时西域僧侣在中国名都大邑进行传教活动的情况根本不合，而且史书均无记载，传说实在令人难信。

三国时期，魏、吴两国继承东汉对佛教的政策：只许西域僧侣在都邑建寺，不许汉人出家。因此，佛寺虽然在东汉时期有所增加，但是数目仍然很少。

东汉末年董卓之乱时，白马寺全被烧毁。魏文帝定都洛阳以后，又按原样重建。当时，在洛阳城内皇宫西面还新建了一座佛寺，其中佛塔很高。魏明帝时，为了防备窥探宫中秘密，想把它毁掉。正准备撤毁之际，有位西域僧人出来劝阻，在殿前用金盘盛满水，将佛祖的舍利投放水中，立即现出五色光彩。其实这是舍利上的油脂散发的结果，明帝不明其理，看了后惊叹地说："若是没有灵异，怎么会这样呢?"但是，为了宫中安全，他仍然徙其佛寺于御道之东。在新塔、佛殿的周围，修建阁楼百余间，规模比白马寺还大。而将原来的佛塔、佛殿遗址，挖掘成濛汜池，种植芙蓉，养鱼其中，以供观赏。魏国其他地方，还新建了哪些佛寺，史书没有明确的记载。

在吴国，也新建了一些佛寺。如在旧都武昌城，就新建了两座，一座是城东的宝宁院，是吴大帝孙权即帝位的那一年（222）所建；另一座是宝宁院东的惠宝寺，是吴废帝孙亮的潘夫人所建。在新都城建业（今江苏南京市），第一座佛寺是建初寺，建于赤乌十年（247）。后来，又陆续修建了大报恩寺等。但总的说来，吴国境内的佛寺数量很少。所有佛寺的建制，都仿照洛阳的白马寺。

在蜀国境内，史书没有记载有佛寺。

2 汉、魏时期僧侣的宗教生活

在天竺，佛教僧侣被称为"沙门"，男僧称为"比丘"，女尼称为"比丘尼"。佛教传入中国之初，仍沿用这个名称。在天竺，伽蓝都没有田产，也不从事商业和手工业，沙门的生活，一是靠施主布施，二是靠化缘。在释迦牟尼时，最初每天上午，沙门就手持僧钵，出门化缘，向人乞食（包括荤食、素食）。午后，专心坐禅，不再进食。不久，便改为雨季休息三个月，禁止外出，接受供养，在伽兰内坐禅修学，这段时间称为“安居期”。在安居期即将结束、众徒分赴各地云游乞食之前，召开为期两天的忏悔大会，请别人尽量揭发自己的过错，然后自己进行反省、忏悔；同时，也应别人的要求，尽量检举其过失，以帮助他改过归正。到了后来，便形成了沙门生活的一条教规。此外，释迦牟尼还规定出家和在家的信徒共同遵守的五戒：戒杀生、戒偷盗、戒邪淫、戒妄语、戒饮酒。总的要求是：积德行善，忍受一切痛苦，以便来世修成菩萨或佛，升入西方极乐世界。

可是，佛教传到中国以后，情况大变。首先，来中国的都是西域高僧。官府把他们当作贵宾款待，不仅为他们建造佛寺，而且将其生活费用全包了下来。因此，在中国的西域沙门，都用不着化缘乞食。其次，佛寺里的沙门人数很少，用不着开忏悔会。他们的日常生活，一是早晚念经、拜佛，二是坐禅或译经、进行社交等。他们的人数少，人地生疏，语言又不通；特别是佛经，都是佉卢文和梵文，汉人不懂，传教很困难。后来，他们逐渐认识到，只有大量翻译佛经，让中国人了解佛经之后，佛教才能在中国传播开来。因此，学习汉语和翻译佛经，成了西域沙门的主要工作。

可以说，佛教在中国的传播，是与佛经的翻译、介绍同步进行的。在汉明帝及其以后很长一段时期，由于西域高僧不通汉语或不大懂汉语，需要经过几道翻译，才能把佉卢文佛经和梵文佛经翻译成汉文佛经。而翻译出来的佛经，往往语言生涩，词不达意，因此，即使在上层社会和汉人知识分子中，对佛经也不甚了了，受其影响和信奉佛教者很少。当时，中国人只是把佛教当作类似老子、庄子的一个学派，研究其清虚、无为之道。直到东汉后期，西域高僧们开始进一步重视译经工作，努力学习汉语，提高翻译质量，几乎是全力投入佛经的译介工作。其中最有名的译经名僧有安世高，他翻译的佛经有《安般守意经》、《阴持入经》、《大十二门经》、《小十二门经》等，其中以禅经居多；支娄迦谶（简称“支谶”）翻译的主要有《大乘般若经》、《般若道行经》、《般舟三昧经》、《首楞严三昧经》等，其中主要是大乘经，其次是禅经。其他高僧如竺佛朗、安玄、支曜、康孟祥等，也翻译了一些其他经书。

在天竺，当时正是大乘教昌盛时期，因此，传入中国的主要是大乘教，翻译的佛经也主要是大乘教经典。小乘教及其经典也传到了中国。大乘佛教形成于公元一二世纪，强调一切众生均可成佛，一切修行应以自制、制他并重，自认为这是“菩萨”之道，教法最好，因此自称“大乘”。小乘佛教是比较原始的佛教，它坚持苦、集、灭、道“四谛”等原始教义，主张自我解脱苦难，认为沙门修行不能成佛，最高成果只能达到罗汉。随着大乘、小乘佛教传入中国及其经典翻译的增多，人们便面临如何对待他们之间的异同问题。由于大乘佛教和小乘佛教都需要取得中国当权者的支持才能广泛进行传教，过分强调两者的异同将不利于被统治者所接纳，因此两者的差异呈日益减少的趋势。

西域高僧们为了使佛教得以在中国流传，他们在后来翻译佛经时，往往参考并结合中国的传统方术，以便得到中国统治阶级中信奉黄老之学（即道家）者的支持；他们还煞费苦心，尽量调整译文，避免与当时的中国政治、伦理观念发生冲突。汉灵帝末年，牟子撰写《牟子理惑论》时，更是把佛教思想同道家、儒家思想结合了起来。他自称“锐志于佛道，兼研《老子》五千文，玩《五经》为琴簧”。三国时期的佛教学者都效仿他。与此同时，西域高僧大肆神化佛祖与佛教，不仅把天竺有关佛祖和佛教的神话统统搬到了中国，而且还编造了许多神话故事。三国以后，更是如此。

3 早期道教信徒的宗教活动

中国的道教，渊源于古代的巫术和战国、秦、汉时期的方术，而思想则宗于道家的老子、庄子。但作为一种宗教，它创立在东汉后期。道教的创始人是张陵，又称张道陵，沛国丰县（今江苏丰县）人，曾任巴郡江州县（今重庆市）县令。汉顺帝时弃官，与弟子们入鹄鸣山（今四川大邑县鹤鸣山）中修炼，最后创立道教。他尊老子（李耳）为教主，奉《道德经》为基本经典。永和六年（141），他又著道书24篇，作为道教修炼的基本准则。信徒平时除了打坐运气练功以求健康、长生之外，就是以符水、巫术为人治病，以诚实、互助和鬼神之说传教。入道者须交五斗米，故称“五斗米道”。其后，五斗米道徒尊张陵为“天师”。而“天师”这一称号由张陵的子孙世袭，因此，又称五斗米道为“天师道”。

到汉灵帝光和年间（178～183），道教又出现了一个新的派别——太平道。该道的首领是巨鹿郡（治所在今河北晋宁县西南）人张角，他信奉黄帝、老子之道，而以《太平经》（又称《太平清领书》）为主要经典，故称之为“太平道”。张角自称“大贤良师”，经常手持九节杖，以符水给人治病。他在治病前，叫病人反省思过，进行忏悔，然后饮下符水。病愈者，被认为虔诚信道，收为弟子；不愈者，则被认为信念不诚，拒之门外。太平道徒除了习经、修炼之外，就是这样以符水给人治病、传教。

太平道的主要经典《太平经》，是一部逐步积累，逐步编写而成的书，内容庞杂，体系混乱，往往自相矛盾。它既有老子、庄子的思想，又受当时图谶、神仙方术和西汉京氏今文《易经》的影响。全书包括天地、阴阳、五行、干支、灾异、瑞应、巫术、鬼神、养生、医学、伦理道德、政治理想等内容，集原始道教思想的大成，代表东汉末期各派道教的基本取向。

太平道是道教中比较激进的一派。由于当时政治腐败，社会黑暗，人民不满情绪的高涨，促使张角积极组织群众，发动广大农民起来推翻东汉王朝。他所领导的声势浩大的黄巾起义虽然很快就被官军镇压下去了，但是，他的继承者继续在各地组织农民起义，进行对抗，直到魏、蜀、吴三国鼎立前夕，才先后被镇压下去。

五斗米道道徒的生活与太平道道徒基本相同。他们也经常外出给人治病。如张修给人治病时，先令病人在静室思过，然后令鬼吏为之祈祷。祈祷的方法是书写病者姓名，述说服罪之意。服罪书共三份，一份上呈于天，挂在山上，一份埋于地，一份沉于水，叫做“三官手书”。五斗米道虽然没有响应黄巾起义，但是修子张鲁在汉中建立过道教政权，时达22年。在这个政权里，张鲁自号“师君”，以鬼道教民。学道者称为“鬼卒”，教徒叫“祭酒”。张鲁政权不设官吏，而是用祭酒治理人民。他教民诚信，不搞欺诈；有病，自己检查过错，向天、地、阴间悔过。在交通道路上作“义舍”，放置米肉，以便行路者食宿。犯法者，原谅三次；不改，则用刑。有小过，罚修路百步。还根据《月令》，春夏禁杀。又下令禁酒，以免惹是生非。这和东汉的暴政相比，无疑是王道乐土。因此，附近的汉人和少数民族，都纷纷迁居汉中。张鲁从汉献帝兴平元年（194）开始割据，直到建安二十年（215）才被曹操所灭。

在三国时期，无论是太平道还是五斗米道，都走入低潮。大多数的道徒，都从事采药、炼丹、修炼长生之术去了。

在东汉、三国时期，还没有专门的道教建筑物。从道教首领到一般教徒，大多数是在家里设置静室，进行修炼和习经。到一定的时间，集中听取宣讲道经。后来，才逐渐有道士弃家入山，在深山洞府中进行炼丹、养生和习经。

三国时期，道教虽然走入了低潮，但是，它的清静寡欲思想，它的修炼长生之术，仍然受到上层社会中一部分人的重视。在魏国，如嵇康、何晏、王弼等人，既喜老、庄的著作，也爱好养生之术。嵇康爱好老、庄，恬淡寡欲，特别喜欢养生之术，并著有《养生论》。何晏不仅爱好老、庄学说，而且经常服食道士所炼的“五石散”（即用石钟乳、石硫黄、白石英、紫石英、赤石脂五种石头炼成的丹药）。后来许多名士仿效，成为上流社会的时尚。

吴主孙权特别信仰道教。大将吕蒙病危时，孙权命道士在星辰下为他请命。因此，道教在吴国受到保护。当时著名的道士前有左慈，后有葛玄。左慈著有《太清丹经》三卷，《九鼎丹经》一卷及《金液丹经》。葛玄是左慈的弟子，修道、炼丹于今江西新干县的合皂山，有弟子 50 余人。后来，道教徒尊他为“葛仙公”或“太极左仙公”。

在蜀国，今四川都江堰市南 10 公里有个长生观，传说昭烈帝刘备时，著名道士范寂修炼于此。

被道书称为第五洞天的青城山，是当时道教徒最集中的地方。

4 晋代佛寺的逐渐增多与建筑模式变化的开始

历史证明，任何一个宗教的发展，必须具备两个条件：一是当权者的支持，二是时局混乱。晋代佛教和道教的发展过程，就是如此。随着佛经翻译的增多，佛教也就逐渐为中国人所了解。到了三国中后期，少数汉人，主要是对现实不满的知识分子，开始冲破不许出家的禁令，皈依佛门。当时兵荒马乱，战争不休，人民的赋税、徭役、兵役很重，因此，到了三国末期和西晋时期，汉人出家逃避赋税的逐渐增多。西晋末年，仅在首都洛阳，就有佛寺 42 所，建筑规模首推白马寺。长安（故城在今陕西西安市西北）也有很多佛寺。当时北方以洛阳、长安为中心，全国共有佛寺 180 所，僧、尼计 3700 余人；南方以建业为中心，共有佛寺 100 所左右；西南地区仍旧很少。这些佛寺的建制基本上仍仿白马寺，只是规模较以前为大。

东晋十六国是中国历史上最黑暗的时期之一，特别是在中原地区，连年战争，人民的赋税、徭役、兵役负担极为沉重，民族压迫和阶级压迫极为残酷。人民为了逃避苦难，一是起来反抗，二是投奔佛寺。因此，当时无论在北方还是南方，佛寺与僧尼的数目，都是迅速增加，佛寺的建制也开始发生变化。

在十六国中，提倡佛教最甚的是后赵、前秦、后秦的君主。后赵国君石勒尊礼天竺名僧佛图澄，凡军国大事都征求他的意见，加封佛图澄“大和尚”称号。僧人称“和尚”，自此开始。石虎对佛图澄更加尊宠，赐以绫锦袈裟和雕辇；朝会之日，召引升殿；令司空李农朝夕问安，太子、诸公五日一朝。因此，百姓纷纷信奉佛教，营造佛寺，竞相出家，以致真伪混淆。著作郎王度主张恢复汉魏旧制，禁止汉人出家。石虎以自己出身西戎，佛是戎神，应当信奉，汉人愿出家者听之任之。于是，出家的人越来越多，佛寺也随之猛增。在后赵国，佛教以邺城（今河北临漳县西南邺镇东）、襄国（今河北邢台市）为中心，佛寺也以这两地为最多。

前秦在苻坚统治时期，大力提倡佛教，尊重沙门道安，称为“安公”，命与同辇。后秦主姚兴非常信佛，对名僧鸠摩罗什奉之若神。罗什在草堂寺讲经时，姚兴带领朝臣、大德沙门千余人前往聆听。给予鸠摩罗什优厚的物质待遇，并赐宫女、使女十余人。因此，佛教在后秦境内很盛行。在十六国后期，邺城、长安、姑臧（今甘肃武威市）、敦煌（今甘肃敦煌市西南）是北方佛教的中心，也是佛寺最多的地方。由于十六国旋兴旋灭，时间短促，故史书都没有当时佛寺及僧尼的统计数字。

在东晋统治下的南方，由于明帝、穆帝、哀帝等都信仰和提倡佛教，佛教也很快地传播开来，形成江州庐山和首都建康（今江苏南京市）两大中心，佛寺也因此激增。庐山著名的佛寺有东林寺、西林寺、上化成寺、崇福寺，均系名僧慧远创建；他在今九江市甘棠湖北还建有龙泉精舍（亦佛寺）。在庐山西大林峰南，东晋时建造的佛寺有上大林寺、中大林寺、下大林寺。在建康，著名的佛寺有道场寺，是当年名僧佛驮跋陀罗（又名“觉贤”）、法显等翻译佛经、传播佛教之处。在建康城内外，还有不少佛寺。

在东晋十六国时期，佛寺数目较以前增加了许多。但是，没有那么多的“舍利”来供应新的佛寺，于是，原来供奉的“舍利”的佛塔便逐渐退居次要地位，而供奉佛像的佛殿逐渐成为全寺的主体建筑。这些新的寺庙，有的创建于官府，有的兴建于私人。而私人所建的佛寺，又因各人的财力不同，规模也就有大有小，从而打破了原来的统一模式。总之，从佛寺建筑的布局与规模来讲，东晋十六国是新旧交替的开始，也是中国化的开端。

当时出家的僧尼，生活费用仍由官府或施主供给，不需化缘乞食。他们除了早晚念经拜佛，主要是习经、坐禅和做工；高僧主要是译经、传道（即讲经说法，进行传教）。例如鸠摩罗什就翻译过很多佛经，并著有《实相论》二卷。慧远、佛驮跋陀罗、法显等，都翻译过许多部佛经，并且经常讲经传道。北方个别的高僧，还参与国家大事；有的沙门如吴进，甚至为虎作伥，帮助少数民族统治者迫害汉人。南方沙门与其唯一区别，就是不参与政事。

晋代道教的发展与道士生活

道教虽然因黄巾起义在北方遭到镇压而在魏国走向低潮，但在吴国仍受到崇奉。在蜀国，天师道还有一定的发展。到了晋代，著名道士辈出。东晋时，道教在南方飞速发展，形成三大中心：一是今江西贵溪市的龙虎山；二是今湖南的衡山，三是今江苏的茅山。西晋末年，李特在梁州、益州领导流民起义，张陵的第四代孙张盛为了躲避战祸，带领一部分天师道徒众，由汉中迁居龙虎山，建立箓坛（道教收道士时授符箓的神坛），传播天师道。后来，这里便形成南方天师道的中心。与此同时，北方酷信道教的魏夫人存华，也为了逃避战乱，自洛阳南迁，最后隐居于衡山，修道、传道，后来被尊为“南真夫人”和“南岳夫人”。南岳衡山因此也就成了南方的道教中心。江南自东汉末年以来，道教一直受到保护，因此信奉的人很多，其中包括士族名门王、谢、陶、殷诸姓及各级官吏。因此，势力很强，影响很大。其中许多著名的道士多在今江苏句容、溧水东部的茅山修道炼丹，这里也就成为南方道教的中心之一。

但是，这时的道教仍然没有佛寺那样的建筑物。出家道士的修道和炼丹场所，依旧是石室、洞府或简陋的茅棚；不出家的信奉者，都在家中设一间“静室”，进行修炼。这与道教修炼，需要环境幽静有关。例如著名道士单道开，他就“好山居”。升平三年

(359)，他从北方来到东晋所在地，后入南海郡的罗浮山（今广东增城市东）修炼，独处茅茨，寄情物外。年百岁，卒于山舍。著名道教学者葛洪，晚年入罗浮山修道、炼丹，优游闲养，著述不辍。他也没有道教观宇，最后是在茅舍中去世的。许翙（音 huì）先随其父许谧（音 mì）入茅山学道，后转方隅山方原洞修炼，直到死去，也没有道观。许迈开始不忍心远离父母，为了便于省亲，于是把精舍（道舍）建在余杭县的悬溜山（今浙江临安西南之九仙山）；又于茅山建石室，修道其间。父母死后，才转至桐庐县的桓山、临安县的西山（今天目山）修炼，都没有建殿堂观宇。小道士更是如此。

道教虽然崇信鬼神，但由于没有道教观宇，而且多在深山，因此也就没有供奉神鬼偶像及烧香跪拜之事。道士平时主要是练习吐纳之术（即气功）、采药和炼丹，以求长生。此外，就是进行一些生活方面的劳动。高级道士则著书立说，讲经传道。至于当时道教崇奉哪些鬼神，史书和道书都没有明确的记载。

东晋末年，道教首领孙恩、卢循利用广大人民对东晋腐朽政权的不满，曾先后举行起义。虽然得到广大道教徒和贫苦农民的热烈响应，但是，由于他们都没有提出政治改革和改善人民处境的明确目标，而仅仅是为了取代东晋政权，加之缺乏军事训练，因而很快便被官军镇压了下去。这给道教在南方的发展造成了严重的损害。

二　南北朝时期佛寺的逐渐中国化与道教建筑的出现

1　南朝佛教的兴盛与佛寺的逐渐中国化

南北朝是中国佛教发展的第一个高潮时期。在南朝的宋、齐、梁、陈时期，由于南、北对立，统治集团彼此争权夺利，战争连绵不断，政权更替频繁，赋税、徭役、兵役一朝比一朝沉重。苦难深重的劳动人民，为了生存，他们有的投靠豪门地主，有的投靠佛寺，以求庇护。统治者们既需要佛教来麻痹人民的反抗意识，自己也需要佛教思想来医治心灵上的创伤，他们还希望借助佛教的帮助，在今生和来世继续富贵，永享安定快乐的生活。于是，佛教便在南方迅猛地发展起来，佛寺到处林立，僧、尼成千累万。当时虽然道士和坚持儒家思想的知识分子不断提出激烈的反对，但是没有能够阻止佛教的迅猛发展。佛寺越来越多，僧、尼也越来越多。

宋武帝刘裕早就掌握了东晋的军政大权，禅位时虽然没有发生流血事件，但他毕竟是篡位者。因此，称帝以后，他采取的政策是听任佛教发展，使其为刘宋政权服务。宋文帝刘义隆本是武帝的第三子，他是在大臣徐羡之、檀道济、谢晦等人发动政变，废除少帝之后上台的。即位以后，他一面消灭潜在的危险人物，一面大力崇倡佛教，兴建佛寺，争取僧侣的帮助。他修建的天竺寺、报恩寺等，都宏大华丽。宋孝武帝创建的药王寺、新安寺及七级佛塔，又更加壮丽。宋明帝更胜一筹，他用旧宅改建为湘宫寺，又造五层佛塔两座，都极华丽。他自吹自擂说："我建此寺，是大功德。"大臣虞愿实在听不顺耳，忍不住说："陛下修建的这座寺，都是百姓卖儿女卖老婆的钱。如果佛爷知道，一定会悲哭哀怜。这罪比宝塔还高，有什么功德！"明帝大怒，但虞愿说的是真情实话，不好加罪，便叫人将他拉下殿去，以免其他大臣效仿。

齐高帝萧道成本系宋朝的权臣，是靠谋害顺帝取代刘氏的。即位后，政局不稳，于是他大力提倡佛教，大兴佛寺，以求僧侣的帮助。继承者效之，南齐虽然总共才 32 年，但是官修的佛寺不少。其中最著名的大寺有齐高帝建造的建元寺，齐武帝修建的齐安寺、禅灵寺、集善寺，以及后来诸帝修建的定林寺、法轮寺等。

宋、齐两朝，由于诸帝带头崇信和提倡，因此佛教又有了进一步的发展。除了官家建寺之外，私家竞相建造"冥福"，纷纷建寺。首都建康（今江苏南京市）到处都是佛寺。

梁武帝也是靠发动军事政变夺取政权的，他对佛教的主要经典都有很深的研究，深知佛教制造舆论，提倡忍受现实的苦难，麻痹人们反抗意志的作用以帮助他进行统治的价值。因此，他竭力推崇佛教，并且成了一名狂热的佛教徒。即位不久，他就亲自三次组织围剿范缜的《神灭论》，并且著书立说，大肆宣扬佛教思想；同时令周围的大臣习读和研究佛经，并写文章进行宣传。为了表示他对佛教的崇敬，他亲自到佛寺说法，大造佛寺，一个比一个宏大华丽。他建的佛寺中，有为法师僧曼、法云建造的光宅寺、开善寺；有天监元年（502）为其父建造的大敬爱寺；普通元年（520），又为其母建造智度寺；大通元年（527），他又为自己建造一个同泰寺。据《续高僧传》记载：大敬爱寺位于钟山之上，规模宏大，共有36个大院；中间大院，距大门有7里远。寺内有金、银佛像，各高一丈八尺，其他各种佛像不计其数。全寺共有僧千余人，生活费用和香火钱，全由朝廷供给。智度寺在建康城东北的青溪畔，殿堂宏敞，中有七级佛塔一座。院落也很多，房廊相接，浑然一体，里面有花园和果园。寺内有金佛一尊，高一丈八尺；泥塑、木雕佛像上千。全寺有尼姑五百，生活、香资亦由朝廷供给。同泰寺的规模更大，院落更多。中有九级佛塔一座，直冲云表；共有大殿六座，小殿及佛堂十余座；又有东、西般若台各三层，大佛阁七层，都很壮丽。在璇玑殿外，积石为假山，上盖天仪，里面装水，仪随流水滴而转动，用来计时。寺内的佛像很多，其中的十方金佛像、十方银佛像，各高一丈八尺。其他佛像多为泥塑、木雕。都出自名匠高手。里面雕梁画栋，陈设豪华。僧人过千，另外还有许多寺奴。不仅全寺的生活费用和香火钱全由朝廷拨款，而且梁武帝经常布施，每次布施，价值都在千万铢以上。他仿效天竺各国君主，经常召开水陆大斋、无遮大会等，他带头向同泰寺大量布施，然后令皇太子、后妃、王侯、朝臣、富室以至普通百姓捐献，以“积功德”。他又前后四次舍身施佛为“寺奴”，最后让朝廷和大臣花费大笔钱财把他赎回来。此外，他还捐施给诸寺土地。因此，寺院日益富有，而同泰寺尤富。

陈朝的君主也崇信佛教，但由于国小民贫，新建的寺院远不如梁朝多。当时最著名的寺院是大庄严寺、大皇佛寺、祇阇寺等。大庄严寺本东晋永和四年（348）谢尚舍宅改建，经梁、陈扩建，遂成名寺。大皇佛寺乃陈朝新建。陈后主曾于该寺内建造七层宝塔，工程未毕就被大火烧毁，当时烧死的人不少。祇阇寺位于鸡鸣山西。这三寺的规模都很大，僧人也比较多。

在皇帝的倡导下，各州郡也纷纷效法，大建佛寺。大官僚、大地主等也纷纷捐献住宅，改建佛寺，或新建佛寺。宋黄门侍郎肖开惠家信奉佛教，曾建了四座寺庙，一在建康南岗下，称作禅岗寺；一以曲阿县（今江苏丹阳市）旧宅改建，称作禅乡寺；一以京口（今江苏镇江市）墓亭改造，称作禅亭寺；一在封地封阳县（今广西梧州市东北），称作禅封寺。四寺建成后，所有僧众费用，全由他家供给。后来他做了益州刺史，供养僧尼达3000人，费用全是搜刮人民的血汗钱得来的。著名隐士沈道虔累世信佛，他曾改其父祖老屋为寺。隐士宗少文之孙测有祖风，清静寡欲，多次被征召为官，均不接受。他不乐人间，却喜好山水，后以庐山祖宅为永业寺，隐居于此。他擅长画画，永业佛影台就是他的妙作。梁朝宰相何敬容家里世代崇奉佛法，曾自建塔寺。到何敬容时，又舍弃宅东建寺。趋炎附势的下属也捐资助建，何敬容一概收纳。堂宇及装饰，非常宏丽，世人称之为“众造寺”。梁、陈时私人建寺的很多，不能一一列举。这些私人修建的佛寺，规模都比较小。

南朝的佛寺以梁朝时为最多，仅建康一带就达500余座。尽管在侯景之乱时许多佛寺遭到了破坏，但是直到陈亡，江南地区仍有很多寺庙。唐代诗人杜牧在《江南春》诗中写道：“千里莺啼绿映红，水村山郭酒旗风；南朝四百八十寺，多少楼台烟雨中。”

从上可以看出，在南朝，即使是官修的佛寺，也突破了以往一塔一殿的建筑模式，向着多殿堂、多院落式的大规模化发展。这时的佛塔多建于寺后，殿堂成了全寺的主体建筑。供奉的佛像，也打破了从前泥塑、木雕、石雕、玉琢的局限，进而用金像、银像和鎏金铜像。私人新建的佛寺，大多只有殿、堂而无塔；而以私宅改建的佛寺，完全是中国传统的院落式，基本上都没有佛塔，其佛殿是原来的正厅改的，僧舍则是原来的卧室。里面供奉的佛像，多为泥塑，也有少数石雕、木刻涂金和铜铸的。由于佛寺多为院落式，从此人们便把佛寺称寺院。

僧尼的宗教生活仍像从前一样。只有远游，他们才化缘乞食。私人所建的寺院，一般都比较贫穷，特别是主人死后，供给减少或断绝，僧尼都不得不时常出外化缘，乞食和请求布施。

2 南朝道教的发展与道教建筑的出现

东晋末年孙恩、卢循起义的失败，给迅速发展的道教以沉重的打击。但是，随着宋明帝时金陵道士陆修静对道教经书的整理和充实，提倡修道要斋戒，要缄口慎过，以及陶弘景对道教提出改革，主张儒道佛三教融合、法无偏执以后，道教在南方又重新走上了发展的道路。宋文帝、明帝既崇佛教，也信道教，都很尊重陆修静，多次下诏问道。当时在建康北郊建有崇虚馆，是道教的研究中心，陆修静于泰始三年（467）从庐山被礼聘至建康，就在这里广招道士，收集、整理各种道书，并著述道书30多种。直到昇明元年（477）去世。他所提倡的以斋仪为主要标志的道教，史称“南天师道”。陶弘景遍游名山，访谒著名道士，最后于茅山建筑一座三层楼的道舍，广收门徒，与门徒、宾客在这里讲道、著书。他深受齐高帝的赏识，曾先后被聘为奉朝请（本退职大臣参加朝会者的官号，南朝为闲散官员）和左卫殿中将军。梁武帝和他是朋友，有关军国大事，常向他咨询，世人称之为“山中宰相”。因此，道教在梁朝也有很大的发展。以炼丹为主的陶弘景派道教，史称茅山宗。

在南朝，道教胜地有茅山、龙虎山、庐山、衡山、桐柏山、青城山、峨眉山、罗浮山。这时出现了颇具规模的道教建筑——道馆和道舍，如建康的崇虚馆、兴世馆，茅山的曲林馆，庐山的招真馆，衡山的九真馆，桐柏山的金庭馆，太平山的建日馆等。但是大多数道士，仍然居住在石室、草棚里，或把家庭静室作为修炼之所。

道教到底信奉哪些神，直到晋代葛洪作《神仙传》之后，才比较明确。到南朝陶弘景，作《洞玄灵宝真灵位业图》，才将道教奉信的神仙排列名次。他把这些神仙分为七等，每等有一位主神，配以左、右次神。这七位主神的次序是：元始天尊、玉宸（音 chén）道君、金阙帝君、太上老君、九宫尚书、定录真君、酆都大帝。因为元始天尊生于大元之先，居于天界最高的“玉清”仙境，所以位列第一主神；玉宸道君是万道之主，所以列为第二主神；金阙帝君即玉皇大帝，居于昊天金阙之中，所以列为第三主神；太上老君是道教的始祖，所以列为第四主神；九宫尚书、定录真君是掌管人间的神，故分别为第五、第六主神；酆都大帝掌管阴曹地府，故列为第七主神。除了主神和左、右次神外，他还配以“羽化成仙”的著名道士和历史著名人物如周武王、周公、孔子等。他所编排的神仙位次，也像当时的封建社会一样，等级森严，尊卑有别。虽然如此，但是当时的道教建筑还很少，规模也不大，故尚无偶像崇拜。道士平时一般是学习道经、练气功、采药、炼丹；高级道士还研究道教经典，著书立说，个别道士有做官，参与政治的。

在南朝，道教在势力和影响上，都远远不如佛教。

3 北朝的道教与道教建筑

在北方，道书宣称：三元（谓日、月、星）九府（即九天，谓天有九重，每重天为一府，各有天神），一百二十官，一切诸神，都归道教统摄；只要人们能除去邪恶，洗雪心神，积行树功，累德行善，加强修炼，就能白日升天，长生于世。但是人和神仙均有“劫数”，入道者，可以消灾免劫。因此，深得北魏诸帝的信奉。在他们的影响下，好奇者也多信奉。于是，道教在北方得到了广泛的传播。天兴中（398～404），魏道武帝就在首都平城（今山西大同市东郊）设立“仙人坊”，置仙人博士，封西山以供他们炼丹药。这些仙人博士，都是著名的道士，有的擅长练功，有的擅长炼丹。但仙丹都是骗人的把戏，道武帝、明元帝都是吃了仙人博士炼的五石散病死的。

在鲜卑统治下的北方，道教为了自身的生存和发展，也进行了迎合统治者的需要和为之服务的“改革”。领导改革的是上谷道士寇谦之。他的新天师道，史称“北天师道”。

寇谦之少年时就喜好神仙之道，信奉天师道后，服食丹药。在家修道多年，毫无成就。后遇成公兴，带他入华山学道。成公兴让寇谦之住在石室中练功，自己出外采药，带回来给寇谦之吃。寇谦之渐渐便不吃也不饥饿。接着，成公兴又带寇谦之到嵩山，居有三重的石室中，让寇谦之居第二重，照旧每天修道；他住第三重，依然每天外出采药。如此一年。一日，他对寇谦之说："我出去后，当有人送药来，你就吃下，不要感到奇怪。"不久，就有人送药来。寇谦之打开一看，全是毒虫臭恶之物，大惧而走。成公兴回来后，问他情况如何，寇谦之如实回答。成公兴叹道："先生成不了仙，只能为政，成为帝师。"不久成公兴死去，寇谦之谨记成公兴的话，专心编造神话，不仅大讲成公兴是仙人，而且说神瑞二年（415），太上老君乘云驾龙，导从百灵、仙人玉女、左右侍卫，来到嵩山，亲封他为"天师"，并赐他《云中音诵新科之诫》二十卷，叫他依照此经清理道教，除去张陵、张修、张鲁这些伪法，免去道徒的租米钱税，革除其男女合气之术，而以礼度为首，加以服食丹药和闭门练功。他又言称，在泰常八年（423）十月，太上老君派遣其孙牧土上师李谱文来到嵩山，封寇谦之为"太真太宝九州真师"、"治鬼师"、"治民师"、"天师"，又赐他《天中三真太文录》六十余卷，让他持此书辅佐北方泰平真君。此书中除了利用道教为北魏王朝服务之外，内容包括道教的坛位、礼拜、仪式和道士衣冠等级的规定。他们声称，只要造成静轮天宫，便能与真仙交接；只要男女立坛宇，朝夕礼拜，就能免除劫难；只要修身、服药，就能长生。内容还包括炼制金丹、云英、八石、玉浆等药诀要。寇谦之宣称两仪（《易·系辞上》讲“太极生两仪”）之间有三十六天，中有三十六宫，每宫有一主，最高者为无极至尊，次者为大至真尊，接着有天覆地载阴阳真尊和洪正真尊等，佛祖释迦牟尼是三十二天的延真宫主。其实，这些道书，都是寇谦之自己编写的。虽属荒诞之言，但对道教也进行了一些改革。他又招收弟子12人，广为宣传，因此影响才逐渐扩大。始光元年（424），寇谦之亲自到平城奉献其书，并且大吹大擂。开始，魏太武帝并不赏识，只是让他住在故仙人博士张曜寓所里，供给他食物。朝野人士听说了这件事，很多人都心存疑问。只有权臣崔浩独信其言，受其法术，并尊称他为老师。由于崔浩奏说，太武帝才相信起来，派人祭嵩山，并迎接寇谦之的弟子到平城来；诏令全国崇奉“天师”寇谦之，遵行他的道教新法；又为他在平城东南建造天师道场，按新经规制，里面建五层道坛，给道士120人的衣食费用。于是道教便在平城地区兴盛起来，齐肃祈请，六时礼拜，月设厨会，参加者达数千人。从此，在北方，道教也有了专门的建筑。

为了弘扬道教，太武帝改年号为“太平真君”。442年，寇谦之奏请太武帝建造静轮天宫。开工之日，太武帝备法驾，旗帜尽青色，亲自到道坛接受符箓。可是功役万计，经年不成。太子晃多次纳谏，太武帝由于崔浩赞成，难违其意，仍旧命令继续修筑。然而直到448年，寇谦之死后依然没有建成。

寇谦之在世时，道教在北方有很大的发展。他死之后，崔浩也因罪被诛杀，道教因此随之衰落。后来，太武帝曾召道士询问炼金丹之事，多数都说可成，只有京兆道士韦文秀比较老实，回答说："神道幽昧，变化难测。臣从前受教于先师，曾听过炼金丹，但是我没有炼过。"太武帝令他与尚书崔颐到王屋山炼丹，结果也未成功。后来又招了许多著名道士到平城，并封以各种官爵。然而其中不是骗子，就是只能导引养气者，但仍受到尊重。太和十五年（491）秋，孝文帝以道宇和民宅挤在一起，不符合崇敬神道为由，把道宇迁到平城南郊的桑干河北，仍叫崇虚寺，还确定道士名额为90人，赐给农奴50户，以供给他斋祀之费。后迁都洛阳（今河南洛阳市东北12公里的汉魏洛阳故城），沿袭平城做法，也把道坛及崇虚寺建在南郊。坛方二百步，高五层。每年正月七日、七月七日、十月十五日，都举行拜祠之礼，参加者有坛主、道士等100余人。

北魏时，道教名山有王屋山、中条山、终南山、华山、嵩山等。在这些地方，仍以石室洞府居多，也有一些道坛。

东魏武定六年（548），官吏认为诸道士平庸而无才术，纷纷奏请要求罢免。丞相高澄从之，乃将其中有道术的道士，如张远游、赵静通等召至邺城，设置道馆供养他们。

北魏时期佛寺的大发展及其建筑变化的特点

佛教于十六国时就在北方广泛流传，形成一股强大的势力。因此，北魏拓跋鲜卑统治者在统一北方的过程中，对佛教及其寺院采取保护政策，拉拢高僧，给予优待，让他们为北魏政权服务。天兴元年（398），魏道武帝令都城平城官吏修整宫舍，让信佛的人住宿。接着，便造出一座有五级佛塔、须弥山殿、讲经堂、禅堂、沙门座（即僧舍）的规模宏大的寺院。魏明元帝为了利用沙门“引导民俗”，令京城及四方州郡寺内广建诸佛图像。魏太武帝初年，也很尊崇佛教，以礼征请各地名僧到平城，常与谈论佛学。及至灭了北凉，又把大批僧人迁至平城。后来由于僧人太多，朝廷供应困难，方让50岁以上的僧尼还俗。

太武帝虽然敬重佛教和僧尼，但是他没有阅览佛经，不知其中劝人行善，忍受现实痛苦，把幸福寄托于来世所起的麻痹人民反抗意识的作用。他锐志于武功，以平定祸乱为先。得到寇谦之后，喜欢他清静无为、成仙的学说。崔浩博学多才，是著名的谋士，他信道贬佛，太武帝也很信服。而这时的僧人，大多不守清规戒律，胡作非为，甚至私藏武器，与官匪勾结。太平真君六年（445），盖吴造反，太武帝亲自统领大军到达长安，发现寺中藏有弓矢矛盾，怀疑他们与盖吴通谋，下令抄寺；又发现寺内有酿酒的工具以及州郡牧守和富人寄藏的大批财物；里面还有密室，是僧人与贵族妇女淫乱的地方。太武帝怒其僧人非法，崔浩又从旁进行挑唆，于是下诏诛长安僧人，烧毁佛像，并在全国灭佛。次年三月，再次下诏灭佛，并规定：自今以后，敢有信奉佛教及制作泥塑、木制、铜佛者，满门抄斩。这时太子拓跋晃监国京师，他平时崇信佛教，故意拖延宣诏日期，预先让远近的僧尼知道灭佛的消息，使他们得以各自为计。因此，四方僧尼大多都亡匿获免，在京城的也全都得救，金、银、宝像及诸佛经都藏了起来，只有那些无法搬藏的土木宫塔，全部被毁。

魏文成帝即位，兴安元年（452），下诏恢复佛教。规定：凡人多之处，听建一寺；欲为僧者，只要出于良家，品德良好，不问长幼，准其出家，大州名额为50人，小州名额为40人，边远郡为10人。于是，亡匿的僧人一个个的走了出来，还俗的僧人又重新穿上袈裟，藏在地洞里的佛经、佛像都被挖了出来，往时所毁的佛寺，又逐渐恢复了起来。兴光元年（454），文成帝敕司州官吏于京城有五级塔以上的大寺内，为太祖、太宗、世祖、恭宗（即拓跋晃）和他自己铸造释迦牟尼立像五个，各高一丈六尺，共用赤金（即铜）25万斤。在文成帝的带动下，佛教又迅速发展起来。又由于僧尼众多，下诏恢复道人统，统领佛教事务。和平元年（460），改道人统为沙门统，他接受沙门统昙曜的建议，于平城西武州山（今大同市云岗）开凿五个石窟，雕刻石佛各一座，高者70尺，次者60尺

（即今云冈石窟第16～20号），雕饰奇雄，冠于一世；又以平齐俘虏赐予佛寺为“僧祇户”（佛寺农奴），每户每年为诸寺纳粟60斛，作为救济饥民之用；又以罪犯及官奴婢为“佛图户”（寺奴），供诸寺洒扫兼种田纳粟。于是，僧祇户、佛图户遍及各州郡、军镇，佛寺的经济力量逐渐强大。

随着佛教的发展，佛寺越建越多，规模也越来越大。其中最著名的有：永宁寺，皇兴元年（467）献文帝建造，位于平城城内，规模宏大，装饰华丽，中有一座七层佛塔，高300余尺，基架博敞，当时号称天下第一。城内的天宫寺，文成帝时重建。献文帝于寺内建造释迦牟尼立像一座，高达43尺，共计用赤金10万斤，黄金（即金）600斤。建明寺，在城内，魏孝文帝承明元年（476），冯太后为献文帝祈求冥福而建。思远寺，在平城北50里方山上，系太和元年（477）冯太后为纪念当年道武帝在此立营垒与后燕大战而建。当时，平城及北魏各州郡军镇，官私竞相建寺作为“福业”，彼此互争高广，追求华丽。因此，佛寺及僧尼的人数发展很快，仅从兴光元年（454）至此的23年间，平城内就有新、旧佛寺100所，僧、尼2000余人；四方各州、镇共有佛寺6478所，僧、尼达77258人。

在迁都洛阳以前，平城地区的寺院又有增加。其中著名的大寺有：报德寺，太和四年（480）春以鹰师曹衙改建；皇舅寺，冯晋国所建。工程最大的武州山石窟寺的佛像，其中以方塔洞（今云岗第6窟）最负盛名。该窟是孝文帝在太和十五年（491）为祖母冯太后祈冥福而开凿的，建造华美。窟的中央直立着一根方形塔柱，高约15米。塔柱四周和洞壁上，嵌满了大大小小的佛龛、佛像和其他造像，以及各种不同的图案装饰，诸如手执乐器而凌空翱翔的飞天，头顶重物却神情欢乐的侏儒，色彩鲜艳而错落有序的莲花等等，把整个洞窟装扮得富丽堂皇。北魏云冈石窟寺受到敦煌石窟造像的启发，它既继承了我国秦汉以来的艺术传统，又吸收和融合了古印度犍陀罗佛教艺术的精华，形成了自己的艺术风格，对后来的龙门石窟艺术、响堂山石窟艺术和隋唐佛教艺术的发展，都有深远的影响。

由于僧多人杂，虽有沙门统，仍不能好好约束。无籍之僧，到处都是。即使是真正的僧、尼，也多不守清规戒律，或胡作非为，或不在寺院烧香拜佛，成年化缘远游，甚至勾结坏人、盗匪做恶，为害百姓，为害治安。早在延兴二年（472）四月，孝文帝就下诏禁止游僧；凡无籍之僧，均送交官府；禁止私人建寺。可是没有什么效果。后来，改为只让道行精勤者任其为僧、尼；凡是粗俗者，不论有籍或无籍，一律勒令还俗为民。至太和十年（486），经审查，诸州还俗的僧、尼总共才1327人。十六年（492），为了禁止广大人民逃避赋税、徭役而出家，规定只准每年四月八日、七月十五日，听大州度100人为僧、尼，中州50人，下州20人；以后以此为准。次年，又制定《僧制》47条，对佛寺及僧、尼加以管制。可是，也没有取得明显效果。

太和十八年（494）迁都洛阳后，在孝文帝的影响下，佛教很快在洛阳地区传播开来。当时规定：洛阳城内只准建永宁寺和尼寺各一所。但是，很快就突破了这个限额。太和二十年，由于西域沙门跋陀有道业，下诏在少室山北为他修建少林寺，朝廷供给衣食。当时少林寺规模不大。太和二十一年，孝文帝又下诏在长安、姑臧等地为鸠摩罗什法师建立三级宝塔，以纪念这位高僧的功绩。同时，又在洛阳西南的伊阙山营建石窟寺（即龙门石窟），工程愈来愈大。

孝文帝以后，佛寺越建越多，而且越来越雄伟华丽。魏宣武帝好佛，所建的景明寺，有房千间。景明初（500），又下诏命令大长秋卿（皇后侍卫官）白整按平城灵岩寺的模式，在伊阙西山北部为其父母营建两个石窟，即今龙门宾阳洞。窟高100尺，南北140尺。永平年间（508～511），宦官刘腾又为宣武帝建造一座石窟。这三个石窟工程浩大，直到孝明帝正光四年（523）才完成，前后21年，共用人工8万余名。这是龙门石窟中最堂皇的佛洞之一。宾阳洞的窟顶为穹隆形，马蹄形平面，前庭宽广，布局严整。在洞口两侧，各有一个粗手大脚的力士，怒目圆睁，一手握拳，一手推拳，威武雄壮。洞内有十尊大佛，后壁中央是释迦牟尼的坐像，高4.8米，面目略长而清秀，高髻长鼻，大耳垂肩，双眉作弧形而略扬，两目如下弦之月，嘴唇稍厚而嘴向上，表情温和，隐作微笑。前额镶嵌着摩尼宝珠，左手屈三指，食指朝下，右手五指并拢，神态自然。左边为弟子阿难，右边为弟子迦叶。在南北两壁，另有三尊释迦牟尼立像、两尊罗汉立像和两尊菩萨立像。这些造像，均胸部平直，面部严肃。这是因为古代印度的佛祖、菩萨、罗汉都是男性，从而说明这些造像都是仿照古印度佛教的艺术风格。在洞顶上，有着十分精致的藻井图案，它的正中，是一朵盛开的大莲花，莲房裸露，子粒饱满；周边是宝石、钱币花纹组成的流苏，构成莲花宝盖；旁边又有小莲花，以及八个伎乐天（演员）和两个供养天使。在洞口两侧墙壁上，有两幅大型浮雕：《帝、后礼佛图》、《太后礼佛图》，分别雕刻着孝文帝和冯太后礼佛的壮丽场面。浮雕中几十个人物，服饰各异，形象逼真，是两幅反映当时宫廷生活的风俗画，艺术价值很高。可是，这两幅艺术珍品已于1934年被美国人普爱伦盗买去，现在存放在美国堪萨斯城的纳尔逊艺术馆和纽约市艺术博物馆里。北魏的宾阳洞，给我们提供了当时佛寺布饰的一个宝贵范例。

在伊阙山石窟的另一代表作，是古阳洞。相传该洞于太和十九年（495）开凿，至北齐武平六年（575）才最后完成。洞进深13.5米，高11.1米，宽6.9米。洞的后壁中央，是一尊巨大的释迦牟尼的坐像，衣裙披垂于座的四周。座为莲台，雕像背后是火焰纹饰，表示佛祖的庄严与圣洁。左右各有一尊菩萨立像，两旁还有一对石狮子，这使佛祖的形象显得威严和崇高。在四周的洞壁上，有许多浮雕和小佛龛、佛像。在佛像的上端，都有一个屋形龛，筒瓦屋顶，在飞脊的两端，有鸱尾翘起，屋檐下有斗拱、柱子。这是北魏时期寺院建筑的宝贵资料。其他洞窟很多，我们不再一一列举。

在龙门石窟，北魏早期的造像，带有明显的犍陀罗艺术的风格。宣武帝以后，其造像风格，题材内容和艺术表现手段，由于受南方佛教艺术和北魏激烈变化的社会生活的影响，逐渐转向中国化。例如，这时石窟中的北魏维摩像，类似现实生活中的某些知识分子清谈家的形象；在古柏洞、火烧洞、莲花洞、石窟寺等处的造像，其服饰都突破了云岗二期的右袒式或通扇式的佛装框框，全部改为宽大博带的冕服（南朝高级官员的礼服），造像也带有一种面目清秀、颈项修长、体态瘦削、风姿轻盈的中国特征。这种“秀骨清像”的风格，对北齐和隋代的佛像造型有着决定性的影响。

不仅造像如此，佛寺建筑也逐渐打破了汉晋以来的天竺模式。官修的佛寺，虽然多殿、堂式，也有佛塔，但已不再是专供佛祖“舍利”之处，因而逐渐退居次要地位。特别是这时私人施宅为寺，成为一时的风尚。这样改建的佛寺，大多数没有佛塔，大殿均以正厅来代替，禅房、讲经堂和僧舍等，则是其他房间改装而成。于是，这些僧寺完全变成了中国世俗传统的院落式：里面院落重重，常常数院以至十多个院，层层深入，回廊周匝，壁画鲜艳，琳琅满目。这是佛寺建筑在中国北方的一大转变，它对以后的佛寺建筑，有着极大的影响。

在宣武帝的带动下，贵族、官吏、富豪竞相建寺以积“阴德”，僧、尼人数日益增多。这样，严重地影响了政府的税收和徭役，而且僧、尼清浊混杂，不遵戒律，大肆饮酒，放高利贷，胡作非为，甚至杀人。官府虽然多次下达禁令，但是此风依旧。到延昌年间（514 年左右），洛阳地区有寺 1367 所，北魏全境有佛寺 13727 所，比太和元年（477）增加了一倍，僧、尼的人数也增加了很多。

宣武帝以后，随着北魏政治的腐败和社会动荡，统治阶级更加需要佛教的帮助，因此佛教更加兴盛，公私兴建的佛寺与日俱增。明元帝神龟元年（518），尚书令（宰相）元澄说：最近 10 年以来，私建寺院成风，仅在洛阳城内外就达 500 所之多，计划修建而未建者不在数中。自迁都以来 24 年，寺庙夺取民居达 1/3。现在佛寺满城及郊区到处都是，有的就在卖肉铺的隔壁。梵唱屠音，连檐接响。真伪混居，往来纷杂。僧官对此不问，官吏习以为常。非但京城如此，天下州、镇寺院也是这样，都是掠夺百姓，广占田宅。当时是灵太后执掌朝政，昏庸荒淫，又笃信佛教，因此置之不问。这种情况也就愈益发展。

北魏的寺院，前期以平城最多，且最华丽，后期以洛阳最多，而规模、华丽过之。据《洛阳伽蓝记》记载，洛阳诸寺，首推永宁寺。该寺位于宫城阊阖门（南门）南一里御道西侧，是熙平元年（516）灵太后所建。寺内有一座木结构的九级宝塔，高 90 丈，顶部有刹（即相轮，系顶部的装饰），复高10丈。在洛阳百里之外就能望见。站在塔上，视宫中如掌内，看全城若家内。因此，禁止一般人登塔。塔刹上有金宝瓶，可容25石水；其下有承露金盘30个，周围安有大金铃；又有铁锁链4条，引刹向塔身。在四角的铁锁上，也有金铃，如装一石水的坛子。在每层塔的檐角上，都悬有金铃，上下共130个。塔的四面，每面有三门六窗，框皆红漆。门上各有五行金钉，合计5400枚，又有金饰和金环。柱则金铺绣里。整个宝塔，可谓极土木之功，尽造型之巧。每当有风之夜，宝塔金铃齐鸣，声闻10余里。宝塔之北，有佛殿一座，形如太极殿。中有高大金佛像一尊，中长金像十尊，玉佛像二尊，绣珠佛像三幅，金丝织像五幅，均做工奇巧，冠绝当时。外国所献经、佛，都集中于此。全寺共有楼、阁及僧房1000余间，雕梁粉壁，青缫（门户画饰）、绮疏（窗户的镂绮文）之美，不可尽言。常景碑题云：天上的须弥宝殿、兜率净宫，都比不上此寺。各个院内，松柏扶疏，竹草护阶。寺院四周有围墙，墙顶有短椽，上盖以瓦，像宫墙一样。四面各一门，南门上有一座三重楼，高20丈，形似宫城的端门。上有云气、仙灵等彩画，门户装饰华丽。拱门中有四力士、四狮子，外饰金银，加以珠玉，庄严威武，世所未闻。东西两门也是如此，只有门楼两重不同。北门上无楼，似乌头门。四门之外，树皆青槐，环以绿水，真是人间仙府。永熙三年（534）二月，宝塔遭雷火，经三月不灭，有火入地烧柱，一年还有烟气。当时围观的人个个惋惜，许多人痛哭，有三个僧人悲痛难忍，赴火自杀。

其次为景明寺，位于洛阳外城宣阳门（正南门）外一里御道东，系宣武帝景明年间建，因名，该寺方500步，有房屋1000余间。复殿重房，青台紫阁，并有浮道相连。虽外有春夏秋冬，而内无寒暑。屋檐之外，或山或池，院内松竹垂列，花草流香吐馥。环境幽静，陈设豪华。开始时没有修塔，到正光年间（522年左右），灵太后始建七级宝塔，高800尺。其装饰之华丽，仅次于永宁寺。每年四月七日，洛阳诸寺的著名佛像都集中于此，次日经宣阳门、阊阖门至阊阖宫接受皇帝散花。其时金花映日，宝盖如云，幡幢若林，香烟似雾；梵乐法音，惊天动地；百戏腾骧，热闹非凡。

瑶光寺在阊阖门外御道北，是一座尼姑庙，系宣武帝所建。寺内有一座五层塔，高50丈，仙掌（承露的铜盘）凌虚，铃垂云表。做工之妙，可与永宁寺塔比美。该寺共有大殿、讲堂、尼房500余间。绮疏连亘，户牖相通；珍木香草，不可胜言。此寺是皇宫后妃、嫔御、美人等学道、修行的地方，一般人禁止出入。

中等寺院虽规模较小，但是也很豪华。如胡统寺，是灵太后的从姑所建，她后来就在此寺出家。该寺在永宁寺南一里，中有五层宝塔一座，金刹高耸。尼舍围绕四周，朱柱素壁，甚为佳丽。此寺诸尼，都是京城的名门闺秀，文化程度很高，善于开导，工谈义理，常被邀请入宫，给灵太后讲说佛法。

景林寺，在开阳门内御道东。寺内讲堂、殿宇层叠，房屋之间均有庑廊相连，红柱雕梁，十分精美。寺西有花园，名贵果树很多，鸟语花香。中有禅房一座，内有祇洹精舍（塔庙），形制虽小，精巧无比。禅房虚静，嘉树夹户，花草绕阶，十分幽雅。虽在朝市，宛若岩谷。净行之僧，多来此处打坐、修道。

秦太上君寺，在东阳门外二里御道北，是胡太后所建。该寺有五级宝塔一座，直冲云天。大殿陈设，有如永宁寺。诵室禅堂，周流重叠。树木芳草，遍布院内。常有名僧来此讲经说法，受业者数以千计。

平等寺，在青阳门外御道北，是广平王元怀舍宅改建。堂宇宏美，林木覆道。有金像一尊，高二丈八尺，形象端庄。该寺原无宝塔，至孝武帝永熙元年(532)，始建五级塔一座。次年完工，孝武帝率百官作“万僧会”，以示庆贺。

秦太上公二寺，在景明寺南一里。西寺是灵太后所建，东寺为皇姨所建，并为其父追福，故名；时人又称之为双女寺。二寺门临洛水，林木扶疏。各有五层宝塔一座，高 50 丈，素采画工之美，同于景明寺。僧舍的供具，诸寺莫及。寺东有汉光武帝灵台遗址，高 5 丈，正光年间（522 年左右），汝南王元悦曾在上面建了一座砖塔。

白马寺的规模也有很大的发展。佛塔、大殿、经堂、讲堂、禅堂等俱备，佛经很多。据说经函时放光芒，照得满堂通明。因此僧人常烧香叩拜，如仰佛祖真容。寺内有玉弥勒佛像一尊，高 2.16 米，为半结跏趺座式，面部慈祥，上身较长，袒胸露臂，形象逼真，现存美国波士顿艺术博物馆。寺内石榴树枝繁叶茂；葡萄大如枣，味道特别甜美。每到成熟时节，皇帝常派人来采摘。人们赞道："白马甜榴，一实直牛（一个值一条牛）。"

法云寺，在西阳门外御道北，宝光寺西，隔墙并门，是天竺乌场国僧昙摩罗所建，这也是当时唯一的天竺寺院。佛塔、佛殿、僧房建筑及其装饰，均为天竺式。丹素炫彩，金玉垂辉。西域僧人带来的舍利及佛牙、经像，都集中在此寺。寺内花果蔚茂，芳草蔓合，嘉木被庭，甚为幽静。京师僧人好天竺佛法者，都来此寺听摩罗讲经说法。

融觉寺，在阊阖门外御道南，系清河王怿所建。该寺规模很大，宝塔、佛殿、僧房长达三里，宝塔为五层，高 50 丈，塔顶有承露盘、金铃等，做工精巧。僧昙漠善于禅学，常讲涅槃华严，有僧徒千人。

其他中等寺院，尚有 50 余所。主要是私人所建，均无佛塔。

其余为小寺。此种小寺，只有三五个僧、尼。寺宇仅大殿一座，僧舍数间。全系私人捐宅改建。

正光元年（520）以后，北魏的政治更加黑暗腐朽，为逃避赋役而出家为僧尼的农民越来越多，寺院也随之激增。至孝昌末（527）粗略地统计，全国共有僧、尼 200 余万人，佛寺达 3 万余所。武泰元年（528），尔朱荣发动河阴政变，立孝庄帝，杀死灵太后、幼主、诸王及公卿2000余人。死者之家，都把家宅舍弃给僧、尼，于是京城一半都成了寺院。

5 东魏、西魏、北齐、北周时期的佛寺建筑与周武帝灭佛毁寺

北魏末年，各族人民大起义和统治集团内部的战争，破坏了许多寺院。至东魏天平元年（534），仅在洛阳，就只剩下421所，许多著名大寺、中等寺都毁灭了。但是，由于权臣高欢、高澄都很信佛，又因为不断战争，百姓纷纷遁入佛门，以求庇护，所以佛教在北方仍然长盛不衰。东魏迁都邺城不久，佛教很快就在这里发展成为中心。迁都之初，士民百工先借旧城房子暂住。不久，朝廷便在新城（在旧城南，今邺镇东南，漳河南岸）分给他们住宅。有些人或舍其借宅建造寺，或借建寺之名据为已有。元象元年（538）秋，下诏清查，将新立之寺全部毁掉。冬，又诏全境州郡县，不准造寺，违者以枉法论处。可是没过多久，朝廷就自己破坏了这条禁令。兴和二年（540）春，诏以邺城旧宫为天平寺。上行下效，佛寺便迅速的增加起来。

北齐诸帝多是佛教狂热的信徒。由于他们的倡导，佛寺的建筑比东魏更多。文宣帝高洋所建的大庄严寺，规模和华丽都超过邺城其他各寺。他又在响堂山（在今河北邯郸市）开凿七座石窟，里面不仅有许多佛像，而且有很多壁画，制作精巧，基本上同于北魏晚期的佛教艺术风格。据《续高僧传·僧稠传》说，文宣帝将“国储”的1/3用到了这些工程和供养“三宝”（即佛、法、僧）上，可见其费用之大。武成帝建造的大总持寺及以三台宫改建的大兴圣寺，规模都很大。后主高纬更加崇佛。天统五年（569），他以并州（今山西太原市南）的尚书省衙改为大基圣寺，改晋祠为大崇皇寺；又在晋阳（即并州治所）西山凿大佛像，夜间燃油灯万盏，光照行宫内；又为其胡昭仪起大慈寺，未完工，改为穆皇后“大宝林寺”，穷极工巧，工程浩大，仅运石填泉，劳费就以亿计，人牛死者不可胜记。因此，佛教在北齐全境进一步发展。据《历代三宝记》记载：北齐末年，仅邺城就有佛寺4000所，僧尼80000人；全境共有大小佛寺30000所，僧尼合计将近200万人。

在西魏及北周前期，境内的佛教也有很大的发展。西魏时期，权臣宇文泰信佛，好谈佛理，他挑选精通玄理的名僧百人，到丞相府内讲解，又命大臣兼学佛经，于是四方竞为大乘佛教之学，被战争破坏的佛寺也得到迅速恢复。周闵帝、明帝及武帝前期的权臣宇文护也很崇佛、道，因此二教都得到了很大的发展。当时，北周全境有佛寺10000所，僧、尼近100万人。“缁衣（即袈裟，指僧侣）之众，参半于平俗（即世俗平民）”；“黄服（即道服，指道士）之徒，数过于正户（即编户）。”

当时僧侣们的宗教生活仍像北魏时期一样，早晚做功课。做功课时，烧香、拜佛、奏梵乐（即天竺佛乐）、念经。白天，打坐修行，或听讲经说法，更多的是接待香客和来访者。比较贫苦的中小寺僧，往往要出门化缘乞食或乞求布施，亦有成年不归，在外胡作非为的。寺院一般都拥有数量不等的土地和佃农，经营农业。寺院地主经济在当时的社会经济中，占有很重要的位置。此外，寺院还放高利贷，盘剥农民；也还经营一些与佛教有关的手工业，这主要是自用。其中的一些高级僧、尼，除了做功课、接待高级宾客之外，主要是研究佛经和译经，讲经说法；闲来无事，便写字作画，散步、串门，过着神仙般的生活。

这么多的人出家、入道，不仅严重地影响了政府的税收和徭役、兵役，而且加重了编户的负担，从而引起社会的不安；同时，佛、道寺院占有大量的土地和劳动力，也妨碍了世俗地主的经济扩张；而佛教“捐六亲、舍礼义”的做法及其虚幻的轮回转世之说，与中国的传统文化相违背，因而成了恪守儒家学说的知识分子的主要攻击目标。此外，道教和佛教也在宗教信仰和社会地位上，存在着激烈的斗争。

周武帝是一位有雄才大略的君主，他崇尚儒术，励精图治。天和二年（567），出家后又还俗的蜀郡公卫元嵩上书说：达到国家大治不在佛教，尧舜之世没有佛教而国家安定，齐、梁大兴佛教，结果很快就灭亡了。他主张建立一个包括儒、道、佛及其他各家的“平延大寺”，选仁智之人做执事，求勇略之人做法师。推三纲（即君为臣纲，父为子纲，夫为妻纲）以治国，行十善（系针对当时的“十恶”而言）以平乱。而寺主就是周武帝。卫元嵩的这个主张，深受武帝的赞赏。道士张宾也上书，攻击佛教及僧侣，请求废除佛教。于是，周武帝召集大臣及著名的僧、道，在大德殿讨论儒、道、佛三家的地位，意在确定以儒家为先，道教为次，佛教为后。由于当时掌握朝政的大冢宰（宰相）宇文护笃信佛教，加上名僧道安及甄鸾等极力诋毁道教，因此，三教的地位未能得出结论。

建德二年（573）十二月，周武帝再次召开会议，辩论三教的位次。结果，定儒家为先，道教为次，佛教为后。儒家为先，得到一致的公认。但是僧侣不服道教占先，两教之争愈演愈烈，致使这次定位无法实施。

于是，建德三年（574）五月，周武帝又召集第三次会议，再次进行辩论。在会上，佛、道两教斗争非常激烈。据《续高僧传·智炫传》记载，智炫在辩论时力挫道士张宾，周武帝为道教护短，斥佛教不净。智炫答道："道教之不净尤甚！"武帝这次原只想贬斥佛教，由于道教的迷信方术和教义的虚妄，经道安、甄鸾、智炫等人的揭发，已经彻底暴露。因此，他下诏断佛、道二教，经、像悉毁，罢僧尼、道士，都令他们还俗为民。诏令发布之后，立即执行。在全境熔毁佛像，焚烧经书，驱逐僧、道，破毁佛塔，将佛、道寺观改为民宅，僧、道都变成了平民。

这年六月，为了减少反抗，武帝下令成立通道观，将儒、道、佛三教名流 120 人汇聚在观内，研究三教的哲理，探讨其宏深的"至道"和幽玄的"理极"，用“圣哲微言”、“先贤典训”去教养百姓，形成新的道德伦理，并达到弥合三教分歧，使争论靡息和三教归一的目的。

建德六年（577），周武帝灭北齐后，在邺城多次召集名僧开会，亲自解释他尊儒罢佛、道的原因与意义。参加会议的500僧人都沉默不语，只有慧远表示反对，并以阿鼻地狱相威胁。佛教徒任道林也上书反对毁佛，以因果报应进行恐吓。周武帝表示自己不是“五胡”（即匈奴、羯、鲜卑、氐、羌），无心敬佛，不相信也不怕报应。在权衡得失之后，决定在北齐全境灭佛。

周武帝灭佛比较彻底。据《房录》记载，这次在原北周、北齐全境数百年来官私所造的一切佛塔，全部扫尽，40000多所寺庙都以住宅赐给了王公、大臣。所有经书都被烧毁，神像或熔或刮，全都毁掉了。佛道300万人都还俗为民，成为国家纳赋税，服徭役、兵役的编户。此外，还使政府获得了大量寺院的财产。于是北周租调（赋税）年年增长，军事力量日强，从而为后来隋朝的统一事业和对付突厥，提供了雄厚的物质和人力条件。而通道观的建立，则为建立以儒家为治国之本，辅以佛、道的，三结合的新的封建统治服务思想体系，奠定了基础。

三　隋唐五代时期佛寺与道观建筑的新格局

1　隋代佛寺、道观的恢复与建筑的变化

周武帝灭佛、道，毁寺、观，曾使两教在中国北方陷入绝境。其继承者周宣帝，是历史上有名的荒淫残暴的君主。他恐怕群臣规谏，不得行其志，常遣左右侦察密告，稍有不满或反对，即加其罪。自公卿、后妃以下，都受过责打，每次一百二十大板，谓之天杖；被诛杀、降职、免官的，更不计其数。因此内外上下人人自危，恐惧不安，都想推翻这个罪恶的王朝。于是国丈隋国公杨坚趁入宫侍疾的机会，放毒杀了这个暴君。22岁的宣帝还未死，内史郑译就矫诏令杨坚受遗诏辅政。继位的静帝年幼，于是大权落入杨坚之手。

杨坚为了取代北周王朝，一方面镇压反对者，另一方面为了制造舆论，放松对佛、道二教的限制。在杨坚取代周王朝、建立隋王朝的过程中，那些已经还俗，但仍对佛教虔诚的僧、尼，都拥护杨坚，为他制造“天命”。因此，隋文帝取代北周以后，便以重振佛教为己任，用各种方法在全国提倡佛教。这样，到了开皇中期，佛教及佛寺又在南方和北方恢复了昔日的昌盛局面。据《续高僧传·释靖嵩传》记载：在隋文帝统治时期，僧尼达50余万人。隋朝廷还设有僧官，管理全国的僧尼；同时发布禁止毁坏佛像、佛经的法令，保障佛教徒的宗教活动。于是，世俗随风向佛，民间佛书多于儒家六经数十百倍。

隋炀帝杨广是一个野心家，他为了夺取哥哥杨勇的太子位置，早年就凭着他的聪明，弄虚作假，赢得父母的欢心。在为晋王时，他大肆拉拢大臣及左右，为他说好话；特别是极力奉承佛教，请名僧智顗为他斋戒，使僧、尼们为他制造“贵不可言”的舆论。因此，开皇二十年（600）十月，文帝废了太子杨勇，遂立杨广为太子。炀帝即位以后，自称“菩萨戒弟子”，竭力提倡佛教，大力维护寺院的权益，并且继续大建佛寺。他只是坚持不让佛教势力无限制地扩张，而让僧尼尊敬皇帝而已。

因此，佛教在隋炀帝统治时期得到了进一步发展，寺院的数目和僧、尼的人数也较前大大增加。据史书记载，至炀帝末年，全国共有僧、尼236200人，佛寺达3985所，佛塔100余座，塑、铸的佛像有20多万尊。其中，长安地区就有佛寺120所，著名的寺院有：禅定寺，位于永阳坊东，系隋初文帝所建。该寺有木塔一座，高300尺。制作精巧，装饰华丽。大总持寺，在禅定寺西，炀帝大业三年（607）建。实际寺，在长安西南滈水岸。宝庆寺，在长安安仁坊。无漏寺，在长安东南曲江池北。此四寺规模都较大。大兴善寺，在靖善坊，隋文帝建。寺殿崇广，为长安之最，但远比南北朝少。敦煌寺，在长安西北，创建于晋，后毁，隋重建。灵岩寺，在临潼县东南零水口东坡，隋开皇中建。居贤捧日寺，在鄠县（今户县）东南云际山，隋仁寿元年（601）建。这些寺院，直到唐中期犹存。除了官建的寺院外，还有许多私人新建和改建的寺院，一般说来，规模比较小，有的仅大殿一间，僧舍数间，僧（或尼）三五人而已。

隋代的寺院，佛塔进一步减少了，有塔的不过占总寺数的万分之三左右。在建制上与布局上，则继续向着中国院落式的方向发展。在佛像造型与内部装饰上，也日益中国化。僧、尼的宗教生活，与北齐、北周基本相同。隋代的僧、尼，与北齐、北周相比，更加着重传教，而在传教中，更多地编造神话迷信。因此，佛教恢复、发展很快。

直到南北朝，所有的佛教菩萨、罗汉等，都是男性。但是，妇女出家的日多，在家信佛的女居士益众，这使她们感到别扭。她们希望像道教有女仙子一样，佛教能有女菩萨，作为自己崇拜的偶像。到了隋、唐之交，高僧们害怕失去大批女信徒，为了适应妇女们的要求，而开始改造出女菩萨。改造哪个菩萨呢？选来选去，认为观世音菩萨最合适。因为佛经中说他大慈大悲，能现三十三种化身，救过十二大难；并且在三十三种化身中，他一再化为妇女。在隋以前，传到中国的《华严经》说，善财童子到普陀山，见到的观世音菩萨是个“勇猛丈夫”。《悲华经》也说观世音本是转轮王的太子。在南北朝的泥塑、木雕像和敦煌莫高窟的早期壁画中，观世音像都是男的，嘴唇上还长着两撇漂亮的小胡子。到了隋炀帝时，高僧们为了逐渐改变观世音菩萨的性别，便在《楞严经》中谓观世音对佛祖讲：“若是有妇女想出家，我就变成尼姑或妇女、女王、夫人，为她说法。”他们在《妙法莲华经·观世音菩萨普门品》里记载，佛祖曾说：“若善男信女想出家，观世音可以现出比丘尼（尼姑）、优婆夷（女居士）、长者、居士、宰官、婆罗门身、妇女身、童男童女身，为他们说法。”因此，在隋代，观世音菩萨像有的是男性，有的是女性。直到唐中期以后，才完全变成男的。

道教在隋代也因为受统治者的重视而恢复和发展了起来。据《隋书·来和传》记载：杨坚在周宣帝时，道士张宾、焦子顺、董子华曾私下对他说：“公当为天子（皇帝），善自为之。”周静帝时，益州总管王谦反对杨坚专权，发动叛乱，杨坚曾在内殿设置黄箓道场，乞求道教诸神保佑。取代周朝之后，隋文帝即用道教之神元始天尊——“开皇”，作为隋朝开国的年号。焦子顺因为有功，被文帝封为“天师”，文帝经常向他咨询军国大事，并为他在皇宫侧，建造五通观，以减轻他出入宫廷的疲劳。

在隋文帝统治时期，随着道教的恢复和发展，道观也就日益增多。仅在长安城内就有10所道观，在京畿地区，共有36所，所度道士共计2000余人。文帝特地下令亳州刺史在太上老君（老子）的故里建造宫宇，并命大臣撰写颂词。他为道士吕师、孙昂修建道观，又按道教传说中蓬莱、方丈、瀛洲三神山，在洛阳西苑大湖中建造三座假山，以示他对道教的崇拜。在道观里，都塑有天尊及山海神像。文帝在开皇二十年（600）十二月的诏令中，称赞“佛法深妙，道教虚融”，都是大慈大悲，普度众生。因此，下诏“雕铸灵像，图写真形”，令全民瞻仰，用申诚敬。规定：敢有毁坏、偷盗佛像及天尊、山海神像者，以不道论罪；沙门、道士以恶逆论罪。

隋炀帝为晋王及淮南道行台尚书令时，既利用佛教，也利用道教来谋夺太子位。为此，他曾邀著名道士徐则、王知远到扬州镇所，“请受道法”，执弟子礼。即位后，为王知远建玉清玄坛。又令嵩山道士潘涎给他炼金丹，以求长生。为求得诸神保佑，他大建道观，共24所，度道士1100人。道士因道术而被进用的很多。直到隋末农民大起义时，他还在河南二十四郡内访求有道术的道士，要求他们为他镇压农民军服务，可是毫无效果，甚至有些道士也起来反对他的暴政了。

隋代著名的道观，在长安城内有五通观、元都观等。元都观本名通道观，原在长安旧城（今西安市西北）内，开皇二年（582）迁于崇业坊，改名。骊山观，在临潼城北骊山上。楼观，在盩厔县（今陕西周至县东）。嵩阳观，在中岳嵩山。关于隋代道观的建筑模式，史书没有记载下来，大抵略同于佛寺，规模较南北朝时更大。如嵩阳观，有华屋数百间，充当服役的童男童女各120人。还有洞府，或大或小。里面供奉的神像，主要有“三清”（玉清元始天尊、上清灵宝天尊、太清道德天尊）、“三洞”（洞真、洞玄、洞神教主），以及太上老君（老子）、太上丈人、天尊皇人、五方天帝及诸仙官。入道者，初受《五千文箓》，次受《三洞箓》，又次受《洞玄箓》，后受《上清箓》。这些箓书，所记为诸天曹官属多少及其名字，中插诸符。文章诡怪，世人多不了解。受箓前必先洗澡、斋戒，然后手持一金环及布、币拜师；师父以箓授之，将金环折而为二，以为约。受箓之后，每天学习、修炼。经过一段时期，便炼金丹；有学识者，还著书立说。总之，隋代的道教，符箓仍较盛行。

2 唐代道教宫、观的迅猛发展与建筑的新格局

隋文帝是以阴谋篡位的，因此很怕大臣步他的后尘。隋炀帝信佛、道和迷信，冤枉废黜和杀掉了一些人。隋文帝有次梦见洪水淹没都城，意甚恶之，故迁都大兴（今西安市）。后来方士安伽陀说李氏当为天子，要他将国内所有姓李的人杀掉。郕公李浑从水，其侄李敏小名洪儿，文帝疑其应梦，于是派人暗中监视。至大业十一年（615），有人告李浑谋反，隋炀帝于是把李浑、李敏及其近宗32人都杀掉了。唐公李

渊是周“八柱国”之一的李虎之子，与隋文帝是好友，又是亲戚，所以当时没有受到怀疑。隋炀帝曾多次想诛杀李渊，虽先后拜李渊为山西河东抚慰大使和太原留守，但给的兵很少。其实李渊很平庸，又好酒色。至大业十三年（617），天下已经大乱，李渊仍不敢动。后来由于裴寂以晋阳宫宫女私侍李渊，李渊又防御突厥失利，隋炀帝派人捉拿他到江都问罪，他才在次子李世民的怂恿下起兵，但旗号仍是打着保卫隋都长安的“义兵”。攻克长安后，不敢自立，乃立代王杨侑为帝。及炀帝被弑于江都，才废杨侑，自立为唐帝。

当时农民军蜂起，军阀纷纷割据，唐的力量很弱小，于是一面大力扩军，一面借重宗教，为他制造“天命”舆论。早在李渊太原起兵之前，茅山道士王远知就向他密告符命，暗示他将代隋而统一天下。李渊起兵打到关中后，又得到道教楼观派首领歧晖的大力帮助，从此与道教结下了缘分。称帝以后，他认为直接同太上老君攀亲，对自己统一天下，保持国运长久更为有利。于是，编造一个又一个的神话故事，说他是太上老君李耳的后裔，被受命来统治天下。其后诸帝都奉信其说。

唐太宗李世民不信神，贞观元年（627）十二月，他对侍臣说：“神仙事本虚妄，空有其名。”但是为了巩固自己的统治，他不仅认为自己是太上老君的后裔，而且对道教相当优待。

唐高宗李治也不信神，曾说：“自古安有神仙！秦始皇、汉武帝求之，疲弊生民，卒无所成。果有不死之人，今皆安生?”（《资治通鉴》卷二百《唐纪》十六）可是，在乾封元年（666），他追尊太上老君为“太上玄元皇帝”，并将其神像搬入皇家祖庙。道教因此平步青云，得以迅速发展。

唐玄宗笃信道教，简直把太上老君捧上了天。在他的统治时期，道教几乎成了国教。他不仅大度道士、女冠，广建道教宫、观，塑造天尊及诸神像，尊礼道士，大封著名道士官爵，而且把老子的《道德经》列为众经书之首，明令科举时要加试。他又进一步推崇太上老君，尊其号为“圣祖大道玄元皇帝”、“大圣祖高上大道金阙玄元天皇大帝”等，而自己先后加号为“开元神武皇帝”、“开元圣文神武皇帝”、“开元天宝圣文神武皇帝”、“开元天宝圣文神武应道皇帝”、“开元天地天宝圣文神武应道皇帝”、“开元天地大宝圣文神武证道孝德皇帝”；同时，给高祖、太宗、高宗、中宗、睿宗五帝均加号“大圣皇帝”，给太穆、文德、则天、和思、昭成五皇后亦加“顺圣皇后”尊号，并将他（她）们的塑像搬入道宫之内，以备道俗朝夕顶礼膜拜。他下令各州地方官建玄元皇帝庙（后改为“太清宫”）；又立崇玄学（后改为“崇玄馆”），招收学员，学习《道德经》、《庄子》、《列子》、《文子》等书，每年按明经例考试。

玄宗在位期间，是唐代道教发展的高峰期。当时不仅各州及五岳均建有太清宫和道观，而且在皇宫内也建有长生殿（亦名“集灵台”），以祀天神。在长安城内的崇玄馆，设大学士一名，由宰相兼任，其职责是统领两京的玄元馆和道教宫、观的宗教事务；各州的道教宫、观，则由当地的长官或节度使兼领。可见，玄宗对道教的重视到了何种程度。

随着道教的社会地位提高和大发展，道宫、道观的数目激剧增加，道士和女冠的人数也成倍增长。在唐代前期，公私新建和改建的道宫、道观很多。据《唐会要》卷五十《观》篇记载，在西京长安著名的宫、观有：太清宫、龙兴观、昊天观、东明观、弘道观、太清观、兴龙观、景龙观、福唐观、金仙观、玉真观、仪坤观、都玄观、安国观、玄都观、三洞观、清虚观、天长观、崇真观、兴唐观、昭成观、九华观、玉芝观、新昌观、华封观、玄真观、福祥观和奉天宫等。这些宫、观，或由朝廷兴筑，或由王府、公主故宅、大臣故宅改建，规模都很宏大，建筑多为宫殿式。在东京，著名的宫、观有太微宫（本玄元皇帝庙）。在登封县嵩山，有隆唐观、嵩阳观（以北魏所建嵩阳寺改）、太乙观。规模也很大。除太微宫为宫殿式外，其余略同于佛寺。泰山、华山、恒山、衡山、嵩山五岳，各有真君祠，各州都建有紫极宫，以及大、小道观。这些宫、观规模都比较少。高宗弘道元年（683），规定上州官府建观 3 座，中州 2 座，下州 1 座，至玄宗，道观建筑基本没有限制。著名丰都“鬼城”的第一座道观——仙都观，也在这时修建。据《唐六典·祠部》统计，当时全国共有宫、观 1687 所。

当时不仅有道士的道宫、道观，而且有女冠的道观，如西京的太平观、太清观、金仙观、玉真观、都玄观、安国观、昭成观、新昌观、华封观，都是女冠观；而奉天宫（在河南府登封县城道士观）、金阙亭（在长安女冠观），是专门度皇族和皇宫后妃宫女的。

安史之乱时，许多道教宫、观毁于战火，道士、女冠或死或散，数量大减，道教一度走向衰落。往年道观周围禁断百姓砍柴、打猎的诏令，已经无人遵行，一些道教的洞天福地（神山）被民众侵占，妄称祖业。安史之乱以后，统治阶级内部的矛盾和阶级矛盾仍很突出，而且经常发生战争，朝廷更加需要宗教麻醉以安定民心，稳定社会秩序。因此，中唐、晚唐诸帝都继续奉行前期的宗教政策。他们修复著名的宫、观，还为著名的道士修建新的道观，新度道士、女冠，并给道教首领封爵赠官，铸印置吏，召他们供奉宫廷，赏赐大量的钱财，重新发布各种崇信道教的诏令。因此，道教很快又得到了恢复和发展。

唐敬宗在诸帝中最敬重道教。每年正月，他都要往太清宫祭祀玄元皇帝，并派人到江南访求著名道士和异人，以求帮助安定社会和学习长生之术。唐武宗更是热衷于道教，即位不久，便召道士赵归真等 81 人入禁中，并修建金箓道场，亲受法箓。为了修道成仙，他拜赵归真为师，尊宠道士刘玄靖、邓元起等；会昌元年（841）造灵符圣院于龙首池；三年（843）又筑望仙观于宫城中；五年（845）在长安南郊建造望仙台。这时佛教势力强大，赵、刘、邓等很嫉妒，合力排毁，唆使武宗下诏废佛毁寺。佛教被废，道教独盛。可是好景不长，次年三月，武宗因服食金丹，药毒大发而死。唐宣宗即位，诛归真、玄靖、元起等12人，重新恢复佛教与寺院。在宣宗、懿宗时期，世人厌恶道教，朝廷又采取冷漠态度，道教因此走向衰落。直到王仙芝、黄巢领导农民大起义后，唐僖宗才又重用道教，祈求诸神“为国除奸”，以挽救唐朝的灭亡。他逃到成都后，不断向道士们征询镇压农民军的策略。元中观的道士对此特别卖力，他们伪造“太上平中和灾”的古字祯符，为官军打气。僖宗亲自到该观进行奖励，并赐其观名为“青羊宫”，拨款修缮其宇，帮助赎回田200亩。

黄巢起义被镇压下去后，僖宗下诏，令全国修缮紫极宫和被战争破坏的道观。有些道士到处搜罗遗经亡书，企图复兴道教，可是，随着唐朝的迅速崩溃瓦解，他们的企图未能实现。

中、晚唐时期，由于藩镇割据和经常战争，公私俱困，因此新建的宫、观很少。肃宗只在至德三年（758）修建过一个太一神坛，德宗也只在贞元三年（787）于大明宫北兴建了一个玄英观，宪宗仅建了一个应昌观，武宗修建得较多，也不过是灵符应圣院、望仙观、望仙台三个。总之，在整个唐代中、后期，宫、观数目都远比前期少，规模也没有前期的大，在模式上也没有什么变化。

3 唐代佛寺的发展

唐代诸帝虽然大多重儒崇道，但是由于佛教的势力强大，而且也拼命为唐政权效力，因此他们一面利用它，另一面又对它进行一些限制，以防其过度膨胀，给唐政权的经济造成损害。这样，佛教在唐代仍有相当大的发展。

唐高祖虽然崇奉道教，但是为了同时利用佛教为唐政权服务，他曾舍宅为寺，写经造像。晚年，他听从太史令傅奕的请求，曾下诏清理佛教寺院，限京城之内只留寺院三所，诸州各留一所。由于玄武门之变，唐太宗即位，便废除了此令。

唐太宗本来不信神，但是为了利用佛教，他曾召沙门玄琬进宫，为皇太子及诸王授“菩萨戒”；在隋末唐初唐兵大战的各个战场，建立寺塔，以慰亡灵；同时支持各地建寺度僧。玄奘从天竺取经回到长安，太宗对他优礼相加，资助他翻译梵经，为他撰写《大唐三藏圣教序》，并经常召他入宫谈论佛学。这对佛教的发展，起了很大的推动作用。

武则天曾做过尼姑，后被高宗召纳入宫，逐渐掌握了大权。在取代李氏前，曾得到佛门的大力帮助，特别是在制造“天命”方面。因此，称帝以后，她大力提倡佛教，提高佛教的地位，广建佛寺。天授元年（690），诏两京及天下诸州各置大云寺一所；至开元二十六年（738）六月，并改为开元寺；其后又建了许多寺院。寺院修建得高大雄伟，其规模超过宫殿；里面雕梁画栋，器物及神像往往饰以珠玉，壁画也十分精美。在她的统治时期，佛教得到了飞速的发展。

唐中宗、睿宗、玄宗虽然崇奉道教，但佛教的势力和佛寺的数目，仍然超过道教和宫、观。睿宗时，“十分天下之财，而佛有七八。”（《旧唐书·辛替否传》）到了天宝五年（746），社会开始动荡不安，极力推崇道教的玄宗为了求佛保佑，也开始崇佛。他邀请名僧不空进宫为他灌顶，从此又变成了佛门弟子。京兆尹肖炅奏请：如果今后有人私度僧、尼，将其全家及同房兄弟充军到安西都护府（今新疆一带）去。玄宗表示不同意，可见当时佛教的影响之大。

在唐朝前期，佛寺很多，全国共有 5358 所，僧人共计 75524 人，尼姑共计 50576 人。据《唐会要》卷四十八《寺》篇记载，长安著名的寺院有章敬寺、开业寺、会昌寺、常义寺、楚国寺、兴圣寺、龙兴寺（初名并光寺）、兴福寺、西明寺、慈恩寺、青龙寺（原隋灵威寺，唐龙朔二年改造为观音寺，景云二年再改名）、崇敬寺、资圣寺、招福寺、崇福寺、光宅寺、荐福寺、兴唐寺（初名罔极寺，开元二十年改名）、永寿寺、龙兴寺（初名众香寺，神龙元年改名中兴寺，寻改龙兴）、安国寺、天宫寺、天女寺、敬爱寺、福先寺、长寿寺、广福寺（本名崇先寺，开元二十四年改名）、圣善寺（原名中兴寺，神龙二年改名）、安国寺（初名崇恩寺，后改卫国寺，景元元年又改名安国寺）、荷泽寺（初名慈泽寺，神龙二年改名）、奉国寺、昭成寺（初名安乐寺、后改景云寺，后又更名昭成寺）、同德寺（初名华严寺，开元二十一年改名）。在武功县，有慈德寺；在幽州城，有悯忠寺；在汾州，有宏济寺；在晋州霍邑，有普济寺；在晋州城，有慈云寺；在东京邛山，有昭觉寺；在汜水县，有等慈寺；在洺州，有昭福寺；在洛阳，有白马寺、荷泽寺等；在伊阙山，除著名的龙门石窟外，还有香山寺、奉先寺等；在嵩山，有少林寺、法王寺、嵩岳寺、会善寺、龙潭寺等。这些寺，或为新建，或为改建、重修，规模都很大。

安史之乱时，许多佛寺毁于战火，僧、尼或死或散，佛教的发展一度遭受挫折。安史之乱后，藩镇叛乱相继，人民的赋税加重，整个社会动荡不定。唐朝廷更加需要佛教的帮助，来消除、缓和统治阶级内部及其与人民之间的矛盾。因此，唐代中期的肃宗、代宗、德宗、穆宗、敬宗、文宗除了提倡道教之外，也都推行佛教，他们兴建和修复被毁坏的佛寺，广度僧、尼。而人民为了逃避沉重的赋税、徭役和兵役，不顾禁令，纷纷入佛。因此，佛教又有进一步的发展。

据史书记载，到唐文宗时期（827～840），全国共有寺院 4600 所，兰若（小寺）40000 所，僧、尼共 260500 人，超过唐前期一倍多。其中新建的著名寺院，在长安有章敬寺、宝应寺、百塔寺、贞元普济寺、元和圣寿佛寺；在凤翔府扶风县，有法门寺；在河中府中条山有大和寺；在五台山有金阁寺；在五台县有佛光寺；在幽州蓟城（今北京西南）有报恩寺；在成都有圣寿寺、南平寺、大圣慈寺；在嘉州（今四川乐山市）有大佛寺；在峨眉山，有华严寺、清音阁、牛心寺、广佛寺、接引寺等。这些寺院，不仅规模大，而且装饰豪华。如百塔寺，仅佛塔就有百座；金阁寺，上盖鎏金铜瓦，照耀山谷，费钱亿万；佛光寺，其中弥勒大阁三层九开间，高95尺，内有佛像72尊、龙王8尊；嘉州的大佛寺，从开元元年（713）开始建筑、雕塑，至贞元十九年（803）完工，历时90年，大佛头与山高，脚踏岷江，通高71米，其头高14.7米，宽10米，眼长3.3米，耳长7米（中可站2人），肩宽24米，可坐百余人，俗称“山是一尊佛，佛是一座山”。至今仍是世界最大的石刻佛像，上覆13层重楼，该寺规模为唐代第一。

建造这样多、这样大的佛寺，又有这样多的僧、尼不纳赋税，不服劳役、兵役，靠政府和人民供养，而寺院又占有大片的土地和众多的劳动力，这也是不向政府纳税服役的；另外，由于鱼龙混杂，僧、尼往往不守清规戒律，甚至为非作歹，危害社会治安。因此，一直有人对朝廷提出反佛意见。唐武宗即位以后，道教首领赵归真等出于本教的利益，不断上言排毁佛教。于是，会昌五年（845）七月，唐武宗下诏，规定长安地区只留慈恩寺、荐福寺、西明寺、庄严寺，洛阳地区也只留4所，节度使、观察使治所及同州、华州、汝州，各留1所；上等寺只留僧20人，中等寺留10人，小寺留5人，其余僧、尼勒令还俗。寺院的财货、田产一概没收入官；毁寺的木料、砖、瓦等，用来修建官署、驿舍；铜像、钟、磬等，交盐铁官铸钱，铁像铸农器，金、银、玉、石像付度支（政财官署）销毁。衣冠士庶（官员、老百姓）之家，所有金、银、铜、铁佛像，限一月之内交官；否则，以违法论处。土、木、石像该留的留，不该留的一律销毁。这次总共毁寺4600余所，兰若40000所，强制还俗的僧、尼共26500人，共收膏腴上田数千万顷，奴婢15万户。还俗者及奴婢均编为两税户。

这次限佛毁寺，遇到了很大的阻力。一批僧徒上表激烈反对，而两浙及宣、鄂、潭、洪、福州等地的地方官阳奉阴违，镇、幽、魏、潞州节镇拒不执行。次年，唐武宗去世，唐宣宗继位，即下诏解除毁寺之令。于是，寺院又开始重新恢复。

唐宣宗的继承者唐懿宗，亲近小人，喜好沙门。尽管当时内忧外患严重，战争不断，国库空虚，他仍然“削军赋而饰伽蓝，困民财而修净业”。到僖宗时，朝政掌控在宦官手里，政治更加黑暗，王仙芝、黄巢领导的农民大起义随之爆发。为了镇压农民军、稳定人心，统治集团更加乞灵于宗教，佛教因之又得到了发展，直至唐亡。

唐中期新建的寺院不多，晚期更少，主要是扩建和恢复旧寺。两京地区和全国各州，都是如此。

4 唐代佛寺建筑的特点

唐代的寺院建筑在继承南北朝的基础上，又有很大的发展。当时大的叫“寺”，小的叫“兰若”。由于当时的许多寺院是由宫殿和王府、私人住宅改建，故一般没有佛塔；就是官家和私人新建的佛寺，也很少有塔。如著名的慈恩寺，在贞观二十二年（648）建造时，没有建塔。直到永徽三年（652），玄奘才仿照天竺的雁塔模式，建造大雁塔。塔内藏的是从天竺取回来的佛经，而不是“舍利”。故有佛塔者，多建在寺侧，或另建塔院。唐代的寺院，以宫殿、王府改者，其建筑为宫殿式；以居室改建者，为院落式；新建者，两者兼而有之。据《关中创立戒坛图经》记载，大寺多者达十多个院落，而以大殿或二三层的楼阁为主体建筑。这种布局，又见于敦煌壁画中。寺内的佛像较以前为胖，雕塑自然、精致，表现出很高的艺术水平，就像今龙门石窟中所看到的那样。唐代佛寺在建筑和雕刻、塑像、绘画的结合方面，有很大的发展。随着净土宗的发展和佛教的进一步世俗化，壁画也就更加精致和盛行。

现在，幸存下来的唐代佛寺已经很少了。今山西五台县的南禅寺、佛光寺的东大殿，平顺县的天台庵的佛殿，是仅有的保存至今的唐代寺院建筑。从这些建筑物中，我们可以看出隋、唐、五代时期寺院建制的一个轮廓。

南禅寺，位于今山西五台县城西南22公里的李家庄西侧的一个土岗上，规模不大，也不当道。该寺的创建年代不详，大约毁于安史之乱。唐德宗建中三年（782）重建。会昌五年（845）唐武宗灭佛时，佛寺大多被毁，由于南禅寺地处偏僻的农村，而且没有什么名气，故幸免于难。宋、元、明、清虽曾有过一些维修、装绘和补葺，但整个寺院基本上仍保持着唐代的建筑布局，特别是大殿，始终保存着唐代建筑的规制、结构，以及塑像的形体、手法。南禅寺坐北向南，东西51.3米，南北60米。前面是山门，其后是观音殿，宽三间，硬山顶。又后，是护法殿。最后是大佛殿，面阔三间，进深三间，略呈正方形，位于1米多高的台基上。层顶为单檐歇山式，殿身四周有檐柱12根，西面3根为抹楞方柱，其余为圆柱。檐柱之上，安装着雄健的斗拱，撑托着屋檐。正中明间开大门，左右间安装直棂窗。殿内无柱，也没有天花板，四椽栿通达前后檐柱之外。整个梁架结构简练，载荷适度，屋顶坡度平缓。用材经济，坚实牢固。曾经5级以上地震8次，依然完好，说明唐代的建筑技术已有很高的水平。殿内的佛坛宽8.4米，高0.7米，约占殿内面积的一半。坛上是18尊彩塑佛像。主像释迦牟尼居中，体形高大，结跏趺坐在束腰须弥座上，手势作禅宗拈花印。佛座之下是四力士。两侧是文殊、普贤菩萨，分别骑坐狮、象。紧靠释迦牟尼的是阿难、迦叶二弟子和胁侍菩萨。文殊、普贤之前，有撩蛮、佛霖，分别牵着狮子、大象，又有仰望二童子。再前，是侍立菩萨和二金刚。各像面形丰润，神态自然，比例适度；服饰简洁，衣纹流畅；塑造精巧，手法纯熟，同敦煌莫高窟的唐代塑像如出一辙，都是唐塑中的佳作。

在唐代，由现存的山门、观音殿、护法殿和大佛殿等建筑物，共同组成一个四合院式的院落。

院内有唐代的石狮三个，角石两块，小石塔一座。石塔底平面为26平方厘米，总高仅51厘米，共分五层：第一层，四角各有萃堵坡式小塔一座，四面各雕有佛教故事一幅；第二层，每面正中浮雕佛像一尊，两侧上下共有浮雕佛像四尊；第三层至第五层，每面各浮雕佛像三尊。此塔虽小，但造型精美，雕工精细，从中可以看出唐代的塔形建筑。显然，这不是藏舍利的佛塔。

佛光寺位于今山西五台县北部豆村镇东北 6 公里的佛光山中，创建于北魏孝文帝时。唐会昌五年被毁，大中十一年重建。现存的唐代建筑只有山腰高台上的东大殿。大殿面宽七间，进深四间，八架椽，总面积 677 平方米。前檐当中五间全部为木板大门，其余两间槛墙上和山墙的后部都是棂窗。各个柱底为覆盖盆式宝装莲瓣石础，柱顶支撑着肥大的斗拱，斗拱承托着梁架和屋檐。殿内的天花板巧妙地将梁架分为明栿和草栿两部分。明栿砍削规整，轮廓秀丽，单檐五脊顶，全用板瓦仰覆铺盖，不扣筒瓦；檐头用重唇花边瓦作滴水。各脊均用黄绿色琉璃瓦砌成，一对高大的琉璃鸱吻耸立在正脊的两端。大殿的外柱、门额、斗拱、门窗、墙壁，全部用红土涂刷，未施彩绘。整个建筑显得雄伟、古朴、典雅。

在大殿之内，设佛坛五间，供有唐代彩塑佛像 35 尊。每间都有主像一尊，中三间分别为释迦牟尼、弥勒佛、阿弥陀佛，各高约 6 米，其余左右两间，分别为文殊、普贤二菩萨，各高 3 米多。主像两侧和前面，各有胁侍、供养菩萨和牵引狮象的侍者。佛坛的两角，侍立着护法天王，身披甲胄，手持刀剑，遥遥相对。坛左角天王的右侧，有施主宁公遇的趺坐像；南梢间窗下，有主持重建该寺的唐僧愿诚趺坐像。各像都比例合适，面形丰满，身体匀称，佛像表情严肃端庄，菩萨安详娴静，供养者虔诚殷勤，金刚威武雄壮。墙壁上还有不少唐代壁画。从这个大殿里，我们可以看出唐代佛殿的建筑设计与佛像排列的情况。

天台庵，位于今山西平顺县城北25公里王曲村口的一座小山上。始建于唐代，规模小。保存至今的唐代建筑物只有佛殿。该殿面宽三间（7.15米），进深三间（7.12米）。单檐、筒板布瓦，琉璃脊兽，歇山顶。通檐用二柱，周围的柱子都是圆形，柱头为覆盆式的石基，上承斗拱。柱与柱之间施以阑额，柱头为覆盆式。斗拱简单，与梁架构成有机的一体，相接严实，既无重叠构件，又无虚设之弊。屋顶坡度平缓，四翼如飞。正间明亮、宽大，前面为大门；两侧间小，各相当于正间之半，前面为棂窗。内供各尊佛像。整个大殿都充分表现出唐代的建筑风格。

石窟寺大多仿印度佛教的支提窟开凿。如敦煌、云冈、龙门等石窟，其中有的洞正中有方形的塔柱或佛龛，以代表支提分位；有的洞正中靠壁雕刻大佛，左右刻着菩萨、天王。石窟前面如有一片空地，就再建寺院，形成洞、院结合。石窟寺的建凿，以北朝至唐为最盛，尤以唐代的雕塑最为优美，五代后便差劲了。

5 五代十国时期的佛寺与道观

在五代十国时期，社会秩序混乱，政权不断更替；

由于连年战争，赋役沉重，人民的生活十分困苦。君主们都乞灵于宗教，以求社会安宁，国运长久；许多人为了生存，被迫投靠寺、观，或出家，或作佃户和奴婢。因此，寺、观虽然在唐末战争中遭到了大的毁坏，这时又有一定的恢复。

在五代的君主中，或奉信佛教，或奉信道教，作为他们的保护神。后唐庄宗是道教的崇奉者，他的左右有不少道士和信仰道教的人。宰相豆卢珅，不理政务，不选拔贤才，唯事修炼以求长生。周世宗是五代的英明之主，他也信道教，曾向著名道士陈抟请教升天及黄白之术，并准备拜陈抟为谏议大夫，因被谢绝而未果。

当时的统治者大多信佛教，因此，佛教及寺院的恢复比道教及观宇快。至周太祖时，唐代以来的有关度僧尼的限制已经彻底破坏，佛教戒律已成空条。创修的寺院很多，弊端日盛。世宗继位以后，便于显德二年（955）五月下令：凡是没有皇帝敕赐额名的寺院，全国每县只留僧、尼寺院各一所；无尼寺者，只留僧寺一所；其余全部拆毁。并规定：今后不得新建寺院、兰若。又限制度僧、尼及其人数。据《旧五代史·周世宗纪二》记载，这次共毁寺院30336所，僧、尼还俗为编户者（即纳税人）共61200人（其中僧42444人，尼18756人），全国仅存寺院2694所；所毁寺院的铜佛，均输官铸钱。经过这次毁寺和限制佛教的发展，佛教在后周境内从此衰落下去。

在十国的君主中，不信佛者即信道。前蜀主王建迷信道教，宠任道士杜光庭，令他为太子的老师。王衍继位，信道更甚。他不仅自己受道箓，而且令后宫都戴金莲花帽，穿道士服；建宣华苑，里面有重光、太清、延昌、会真殿，清和、迎仙宫，降真、蓬莱、丹霞亭，飞鸾阁、瑞兽门等。他又仿效唐帝尊太上老君为祖先，把道教中的"神仙"王子晋尊为自己的祖先。乾德五年（923），建上清宫，塑王子晋像，尊为"圣祖至道玉宸皇帝"，又塑本人及父亲王建像，侍立左右；在正殿，塑玄元皇帝（老子）及唐朝诸帝像。他常备法驾，前往膜拜。因此，道教在巴蜀非常盛行。

闽主鏻（原名"延钧"）好鬼神、道家之说，道士陈守元以左道见信，令他主持宝皇宫。长兴二年（931），福州王霸侧掘地得石铭，上有"王霸裔孙"之文，鏻称应己，乃尊王霸为"宝皇"建宝皇宫于坛侧，建筑、装饰极为豪华。守元传宝皇令，命鏻避其位，后当为60年的皇上。鏻于是让位于其子继鹏，受箓修道，道号"元锡"。不久复位，称帝，受册命于宝皇。但不到两年，就被继鹏杀死了。继鹏继位（改名"昶"），更加迷信道教。他封陈道元为"天师"，又拜道士谭紫霄为正一先生，而妖人林兴以巫术见幸，事无大小，兴都向宝皇请命，昶然后遵照执行。通文二年（937），昶建紫微宫，以水晶装饰，比皇宫还豪华。方士言白龙夜见于螺峰，诏建白龙寺。四年，守元教昶起三清台于皇城内，高三层，铸宝皇、元始天尊、太上老君金像供其内，共用黄金数千斤。日烧龙脑、薰陆诸香数斤，作乐于台下，昼夜不停，说这样可求大还丹。由此闽中道教益盛。

吴王杨行密也迷信道术，常请道士聂师道祈神降雨，并于扬州为他建造玄元观。至杨溥，先后建紫极宫于冶城故址，以同泰寺之半建台城千福院，又建灵宝院于茅山。

南唐主李升是十国中的明君，他也信道教，最后是服道士史守冲的金丹死的。临终，他对齐王璟说："吾服金石，欲求延年，反以速死，汝宜视以为戒。"因此其后南唐诸帝，均不信道教而信佛教。

浙东历来道教盛行，故吴越王钱镠非常崇信。天宝元年（908），他改吴山紫极宫为真圣观，十年（917），又以黄龙见于卞山金井洞，命立瑞应宫。宝大二年（925），又建上清宫于秦望山。还为道士丘方建造道观。元瓘继位，也崇奉道教。清泰二年（935），建瑞隆院于七宝山。次年，又建相严院于杭州西。四年，再建净空院于杭州北山。在弘佐统治时期，又建寿星院于杭州马岭。

十国中奉信佛教的君主，主要有王审知，南唐王李璟，李煜，吴越王钱镠、元瓘。南唐在李煜统治时期，仅在西都皇城（今南京市）城内，就修建了10多所寺院，全城共有僧、尼50000人。吴越王钱镠、元瓘父子，广造佛寺，修饰塑像，供养众多僧、尼，成了人民的一项沉重负担。

其他如前蜀、后蜀、南汉、北汉、高平、楚等诸国之君，既信佛教，也信道教。在其境内，佛、道二教均有发展。

五代时期的道教宫（院）、观和佛教的寺院建筑和布局，基本上与唐代相同，只是个别寺院和宫、观的内部装饰，较前更加豪华而已。

四　宋辽金时期道观、佛寺建筑的新发展

 两宋时期道观的发展与衰落

宋太祖赵匡胤由于赫赫战功，后周时官至殿前都点检（禁军统帅）。周世宗死后，他与其弟赵匡义趁周恭帝年幼，便阴谋夺取政权。在他积极准备陈桥驿兵变的时候，一些被压抑和还俗的僧、尼和道士，拼命为他制造做天子的舆论，以谋求日后佛、道的恢复和发展。因此，赵匡胤做皇帝以后，对佛、道二教加以尊奉。宋太宗继位，提倡道教，大建宫、观。太平兴国中（976～983），他先后建北帝宫于终南山（今秦岭）、太一宫于苏州及开封城南；至道元年（995），又建上清宫于开封；次年，再建寿宁观于开封。尊宠华山道士丁少微、陈抟等，向他们请教国家大事。因此，群臣于端拱二年（989）尊他为“法天崇道皇帝”。

据《闻见前录》记载，宋太宗欲立寿王赵恒为皇位的继承人，怕诸王不服，以道士陈抟的相术高明，

请他遍相诸王。陈抟知道太宗意在寿王赵恒，让他看相，不过是走走过场，遮人耳目而已。因此，他索性顺水推舟，连寿王的面都不见，就回报太宗说："在寿王府门口见到府内两个人，都是将相之才，其主人如何，可想而知。"太宗大喜，立太子之议遂定。寿王即帝位，是为宋真宗。因此，他对陈抟特别崇敬，大力提倡道教。澶渊之盟后，金国的威胁得到缓和，他便不理朝政，一心入道修真。为了使国运长久，他多次编造"君权神授"的神话，来迷惑臣民。第一次，他说正准备就寝，忽见神人从天而降，命他在正殿设黄箓道场一月，然后接受天书《大中祥符》三篇。于是，他准备就绪以后，领群臣到开封城左承天门观看，在该屋的南角，果然有一个布包，内装"天书"，并有"赵受命，兴于宋，付于恒。居其器，守于正。世七百，九九定（即谓真宗的君权系神授，宋朝长达七百年）"的布条。他是皇上，谁敢说是"假的"？于是群臣纷纷祝贺。他又煞有介事的派遣官吏奏告天地、宗庙、社稷及京城祠庙，实行大赦，改年号为"大中祥符"，又改左承天门为"左承天祥符门"，着实热闹了一番。

他见没有人提出疑问，这年四月，他又编造神话，说"天书再降于内中（即皇城）功德阁"。当然又无人提出怀疑，于是他又编造第三次神话。五月，他告诉亲信王钦若："晚上又梦神人来告诉我，下月上旬，赐天书于泰山。命我斋戒，前往接受。"于是以王钦若为祭祀制置使，前往泰山，"凡有祥异，立即上报"。

王钦若自然心领神会，六月八日至泰山，立即报告说：“泰山西南垂刀山上有红紫云气，渐成华盖，至地而散。”又说有一位木匠，在山下的灵液亭北树上，发现一个黄布包，里面包有“天书”。“天书”上写道：“汝崇孝奉吾，育民广福。锡尔嘉瑞，黎庶咸知。秘守斯言，善解吾意。国祚延永，寿历遐岁。”王钦若将“天书”带回东京，真宗率领群臣迎接，安置在含芳园内的正殿，大肆庆祝。又“自制誓文”，刻于石牌上，置于玉清昭应宫宝阁下；摹刻“天书”，供奉在昭应宫的刻玉殿内。十月，真宗亲自到泰山封禅，以“天书”先行。封禅完毕后，还到奉高宫（今山东泰安市），在宫侧建会真宫，改乾封县为奉符县。十一月，诏以正月三日为天庆节。大中祥符三年（1010），置祠禄，统领天下道教宫、观，以退休大臣统领，隶属于礼部。

大中祥符五年（1012）十月，他又进一步仿效唐帝认太上老君李耳为祖的故事，再编造神话，以抬高赵氏皇权的合理性。告诉群臣，说他又梦见神人传玉皇大帝之令，后晚让其祖先赵某授给他“天书”。他即在延恩殿设道场，准备迎接。他说：第三晚五更，果然灵仙仪天尊及六位仙人至，其中一位就是赵氏始祖玄朗。他然后召王旦等到延恩殿，指示诸仙降临时各仙的座位。在封建专制主义时代，皇帝说什么就是什么，谁敢说半个“不”字。群臣听说，都一个个再拜称贺。真宗也就假戏真演，布告天下，并命令参知政事丁谓等与礼官修《崇奉仪注》，表明赵家的君权是神授的。接着，他又下诏尊赵玄朗为“圣祖上灵高道九天司命保生天尊大帝”，并加封其妻尊号为“玄天大圣后”。从此，在道教的宫、观里，又多了地位仅次于玉皇大帝的两位尊神——“保生天尊大帝”及其夫人“玄天大圣后”。此后，他立先天节、降圣节，命令臣民庆祝祭拜。同时，他又下诏建景灵宫、太极宫于寿丘，建会灵观于东京开封城；铸玉皇、圣祖及宋太祖、太宗铜像，供奉于玉清宫内。大中祥符七年（1014），于滋福殿设玉皇像。次年，真宗又以本人生像侍立其侧；又置清卫二指挥，以奉宫观。九年（1016），置会灵观使，以大臣丁谓为之，加他刑部尚书。又置宫观庆成使，以大臣向敏中为之。因此，真宗统治时期，道教发展非常迅速，宫、观建筑日益增多。在他的影响下，皇女升国大长公主也出家成了女道士，道号“清虚灵照大师”。正当他倡导的道教进入高潮、君臣如痴如狂之际，天禧二年（1018），真宗因服丹药而一病不起，于是让章献皇后处理军国大事。为了乞求神仙、菩萨保佑，他下诏普度少年为僧、尼、道士，可是毫无效果，病情日益加重。至乾兴元年（1022）二月死去，享年55岁。

宋仁宗即位，年幼，由章献皇太后执掌大权。她鉴于真宗崇道之害，先后下诏禁止在京城创建寺、观，不许修缮已毁坏的宫、观，并罢诸宫观使。明道二年（1033），仁宗亲政，进一步推行这个政策，禁止在全国兴建寺、观，平时禁止女冠（女道士）、尼姑入宫。宋英宗、宋神宗继续执行这个政策。宋哲宗比较信佛，他除了祈雨和个别寿诞日外，基本上不去道教的宫、观。故在这一段时期，道教走入低谷，宫、观也逐渐减少。

至宋徽宗时，又狂热地宣扬道教，大造宫、观。据《宋史·徽宗纪》记载：他不仅同道士频繁交往，赐予他们封号，而且大力推广道教，在全国颁行《金箓灵宝道场仪范》，又“诏天下访求道教仙经”，广度道士、女冠（女道士），分道阶为26等。他又大建道教宫、观。如通晓阴阳的道士魏汉律因召铸九鼎有功，被徽宗赐号为“冲显先生”；死后，在其铸鼎处建造宝成宫；又建九成宫，崇宁四年（1105）八月，奠九鼎于此。大观元年（1107）九月，再建显烈观于陈桥驿。政和四年（1114），于宫城内建神御殿。五年，又于宫城景龙门上建上清宝箓宫，并令全国“皆建神霄万寿宫”。六年，又诏各地长官于道教的洞天福地之处修建宫、观，塑造圣像，七年，改天下天宁万寿观为神霄玉清万寿宫；讽道箓院上章；册己为“教主道君皇帝”。因此，道教的发展和宫、观的数目重新达到了空前的高度。

宋徽宗还效步真宗，多次编造神话，政和三年（1113），自称尝梦被太上老君召见，告诉他说：“汝以宿命，当兴吾教”。十一月，到南郊冬祀，出南薰门，徽宗故意问：“玉津门东，像有楼台多座，是何处？”大奸臣蔡京的儿子、惯于顺竿爬的蔡攸即忙奏道：“我也见到云里有楼殿台阁，隐隐数重，去地数十丈。”一会儿，徽宗又问：“见人物否？”蔡攸答道：“有道士打扮的童子，持幡节盖，相继出于云间，衣服眉目，历历可识。”这本是徽宗与蔡攸合演的一幕双簧戏，后来便以假当真，大肆渲染。徽宗“以天神降，诏告在位”；又亲作《天真降临示现记》，广为宣传。然而臣民多心存疑虑，认为是徽宗宠爱的道士王老志编导的。

王老志死后，徽宗又先后尊宠道士王仔昔、林灵素，神话更加层出不穷。灵素说徽宗是上帝长子青华帝君降世，他是下降辅佐徽宗的仙卿；蔡京原是天府的左元仙伯，王黼是文华吏、盛章，王珗是园苑宝华吏，童贯及诸巨阉都是神仙下凡。刘贵妃有宠，林灵素说她是天上九华玉真安妃下凡。政和七年（1117）十二月，徽宗又说有天神降于坤宁殿，令刻石纪之。但信者甚少。

林灵素好大言，专门编造极为妄诞的神话来欺世惑众。人们多不相信，他便假借帝诰，强令吏民入上清宫受神霄秘录。但是也有一些喜欢向上爬的朝士，靡然趋之。因此，每次设大斋，就费钱数万缗，谓之千道会。灵素之徒近二万人，均美衣玉食，费用不可胜计。他又立道学，置郎、大夫等十等官；又置诸殿侍晨、校籍、授经，相当于朝廷的待制、修撰、直阁。他们享有各种特权，而毫无济世之用。可是徽宗不悟，益加尊重。重和元年（1118）九月，令林灵素的地位相当于中大夫，不久又加驻温州的应道军节度使。又升中奉大夫道士张虚白为本品真官。

时林灵素恃宠骄横，欺压人民，出入呵引，至与诸王争道。宣和元年（1119）五月，大水围困东京城，徽宗遣灵素作法退水。他方率其徒上城，愤怒的役夫就争举锄头、扁担击之，他逃走而得免。然灵素仍恣横不悛，道遇太子不让路，太子入诉，徽宗怒，始斥他还故里，灵素遂自杀。

宋徽宗崇奉道教，本想借此来巩固赵宋的统治。然而事与愿违，非但没有巩固自己的统治，反而由于胡作非为，弄得国弱民贫，导致了北宋的灭亡。这时宋江、方腊分别在南、北方揭竿而起，谋求推翻这个黑暗腐败的反动王朝；金兵也乘机南下，宋军节节败。宣和七年（1125）十二月，他看到无法抵御金兵，才下诏罪己，令中外直谏、各路率军勤王，罢道官及大晟府、行幸局。最后，又让位给宋钦宗。但他仍迷信道教。靖康元年（1126）十二月，当金人兵临开封城下时，犹令道士郭京出战。郭京命令守兵下城，自己大开宣化门（外城南面东门），作六甲法出攻金人；旋即大败，郭京率其余徒遁去，城遂被攻破。次年，徽宗被俘北去时，仍忘不了他是教主道君太上皇，身穿道袍，头戴逍遥巾。真是鬼迷心窍，至死不悟！

南宋政权建立后，鉴于上述教训，便在建炎元年（1127）五月，罢天下神霄宫。六月，又下诏没收全国神霄宫的钱谷以充政府的经费。四年（1130）十一月，又括借全国寺、观的田租、芦场。绍兴年间（1131～1162），南宋朝廷为了筹措军费，也下诏出卖僧、道度牒。但是入道的人很少。据绍兴二十七年（1157）的统计，南宋境内的僧、尼为20万人，而道士、女冠仅万人。道教的宫、观数目，也随之减少。

宋孝宗继位，令赵雄等编修神宗、哲宗、徽宗、钦宗《四朝国史志》，总结这一段的历史教训，特别是崇奉道教的惨痛教训。故自孝宗以后诸帝，都重儒、佛而轻道，直到宋亡，道教日益衰落。

宋代的道教宫、观很多，特别是在真宗、徽宗统治时期，由于战争的破坏，保留至今的很少。其中有今山东泰安市泰山南麓的岱庙（又称泰庙、岳庙），创建于秦、汉，经历代修缮、扩建，至北宋宣和四年（1122），共有殿、寝、堂、阁、门、亭、库、馆、楼、观、廊、庑、合813楹。其后各朝又不断增修，已经失去了宋代的原样。在今山西晋城市东13公里府城村的玉皇庙，始建于北宋熙宁九年（1076），金泰和七年（1207）重建，元明清各代都曾加以修缮和扩建。今庙内的玉皇殿为宋建，从这里，我们可以看出当时殿内的布置。玉皇殿亦称凌霄殿，位于该庙的前院正北，殿内有塑像51尊，正中神台上端坐的是玉皇大帝，神情庄严肃穆，所坐的龙椅金碧辉煌。两侧是妃嫔、侍女，表情各异，发髻俊秀，姿容婉丽，是宋代原作。神台下有辅、弼二星君和宰辅、丞尉像，东配殿神台上是三元像，即天官、地官、水官。因历代多次重装，原貌略有损伤。神台前有两尊站像，体格匀称、丰满有力。西配殿神台上是镇守凌霄殿的天枪、天棒、天锋、天矛四大神将，或一头四臂，或三头六臂，造型奇特。

江西新建县西山下的西山万寿宫，创建于东晋，本名许仙祠。南北朝时改名游帷观。唐及五代南唐两次重建。宋大中祥符三年（1010），升观为宫，真宗赐名“玉隆宫”。政和六年（1116），徽宗下诏：按洛阳著名的道教崇福宫式样改建，并改名宝隆万寿宫。该宫拥有正殿、三清殿、老祖殿、谌母殿、兰公殿、玄帝殿六座大殿，玉皇阁、紫徽阁、三宫阁、敕书阁、玉册阁五大阁，以及七门、七楼、三廊、十二小殿、三十六个道堂，富丽堂皇。像这样宏伟壮观的道宫建筑，为当时江南所仅见，可惜，元末毁于火灾。今天的寺是清同治、光绪年间所建。

2 两宋时期的佛寺建筑

宋太祖取代后周以后，对佛教采取保护政策。建隆二年（961），他改扬州行宫为建隆寺，又放宽度僧的名额。乾德四年（966），他资助行勤等157人前往西域求法，下令成都雕刻《大藏经》，并亲自引对诸寺院主官，了解他们的学问、品行，从中挑选僧官。五年，又禁止毁坏铜佛。因此，佛教恢复很快。晚年，他不得不下令进行限制。

宋太宗佛、道并用，而重在佛教。他建立译经院（后改传法院）、印经院，还亲自作《新译三藏圣教序》，载在佛经前页，帮助进行宣传。在他的支持下，京城开封及五台山、峨眉山、天台山等处，都新建了不少寺院。

宋真宗初年也信佛教，他说：佛教与孔、孟，“迹异而道同”，都对巩固政权有用处。他常去相国寺、太平兴国寺、开宝寺，并亲自撰写《崇释论》及为新译佛经作“序”。大中祥符二年（1009），他还下诏“禁毁金宝塑浮屠像”，广设度僧的戒坛。除京城开封外，全国各地戒坛还有72座。因此，出家为僧、尼的人日益增多。至天禧五年（1021）时，北宋境内共有僧397000人，尼姑61000余人。宋仁宗、宋英宗、宋神宗、宋哲宗继续执行保护佛教的政策，因此佛教发展较快。至宋徽宗初年，全国“僧尼，比之旧额，约增十倍”。徽宗崇道抑佛，并没有能够阻止佛教的发展。宣和元年（1119），徽宗受道士林灵素的怂恿，下诏并佛入道，令“佛改号大觉金仙，余为仙人、大士，僧为德士，易服饰，称姓氏。寺为宫，院为观”。可是，广大僧、尼强烈反对，次年六月就取消了上述诏令，恢复寺院旧名。

南宋诸帝都对佛教采取鼓励的政策。南宋初年，由于疆土缩小，又连年战争，经费支绌，政府便大量出卖度牒，人输钱十千，作为一项重要的财政收入。因此，僧、尼人数日益增多。至绍兴初年，已是“无路不逢僧”了。

由于僧、尼日众，造成了许多不良影响。绍兴六年（1136），尚书省上言：“近年僧徒猥多，寺院填溢，冗滥奸蠹，其势日盛”。至十二年（1142）五月，因宋、金和议成，方才停给度僧牒。但僧、尼人数在暗里仍然不断增加。据绍兴二十年（1150）的统计，南宋境内有僧、尼20万人。三十一年（1161），金主完颜亮准备南侵，于是恢复鬻僧、道度牒。此后直到南宋灭亡，再也没有取消。当时有人说："国家所以纾用度者，僧牒与鬻爵耳。"佛寺也因为僧、尼人数的增多而较南宋初年大大增加。

在两宋境内，寺院建筑规模越来越大。当时以禅宗的寺院最盛，其建筑多为"伽蓝七堂"制，即佛殿、法堂、僧堂、库房、山门、西净、浴室建筑。较大的寺院还有讲堂、经堂、禅堂、塔及钟鼓楼等建筑物，而佛塔在寺院之后。现在，保存下来的宋代寺院已经很少了，目前仅存的只有河北正定县城内东门里街的隆兴寺。我们由此可以看出宋代寺院建制。该寺始建于隋开皇六年（586），名龙藏寺。五代时遭到严重破坏，大佛被毁。北宋初年，宋太祖下令重铸铜佛一尊，并对该寺进行扩建，增加殿阁，改名龙兴寺。后又多次维修，清康熙四十八年（1709）扩建，改名隆兴寺。但其布局与建筑仍然保存着宋代的特点。该寺坐北朝南，平面略呈长方形，占地面积约 5 万平方米。主要建筑都分布在南北中轴线上，这些主要建筑为天王殿、大觉六师殿（今仅存遗址）、摩尼殿、戒坛、慈氏阁、转轮藏阁、康熙御碑亭、乾隆御碑亭、大悲阁、弥陀殿等。除了两座碑亭和弥陀殿外，全是宋代的建筑。隆兴寺没有山门，前面是一座高大的琉璃照壁。绕过照壁，自三路单孔石桥向北，是天王殿。该殿为单檐歇山式，中有圆拱形大门，门上有康熙亲题的"敕建隆兴寺"的金字匾额。天王殿之后，是摩尼殿，建于北宋皇祐四年（1052）。平面布局呈十字形，正殿面阔七间，进深七间，重檐，九脊、歇山顶，布瓦，以绿琉璃瓦剪边。四面正中各出抱厦，以山面向前，建筑主体富于变化，主次分明，造型颇为特殊。殿内正中的佛坛上，有五尊泥塑像，中间是释迦牟尼，左右两侧站立的是迦叶、阿难，盘膝而坐的是文殊、普贤。释迦牟尼和两弟子为宋代原塑，二菩萨为明代补造。其他如壁画、观音坐像，均为明代所作。在摩尼殿后面的东西两侧，是转轮藏阁和慈氏阁。两阁的建筑形式基本相同，均为重檐歇山顶式，各南北面宽三间，东西进深四间，平面为长方形，但两阁内部各不相同。转轮藏阁内正中安置有直径 7 米、八角形的木制“转轮藏”（即可转动的藏经柜），前面两根金属柱各向左右伸出，采用弯梁和大斜柱（叉手）的做法。各个部分的衔接和交代均极清楚，穿插紧凑，有条不紊，是我国早期木结构建筑中的杰作。慈氏阁内正中是一尊木雕的慈氏菩萨造像，高 7 米。楼阁采用永定柱造和减柱造的做法，是现存宋代建筑中的一个孤例，在建筑史上有较高的价值。摩尼殿之后是戒坛。戒坛之后是大悲阁，又名佛香阁、天宁观音阁。始建于宋开宝四年（971），高 33 米，五檐三层，是寺内最高的建筑。面阔七间，进深五间。歇山式顶，上盖绿色琉璃瓦，外形庄严端重。内部正中，是一尊观音大铜像，通高 22 米，是我国最早的大铜像。铜像方面大耳，长眉垂目，背后西侧伸出 36 只手，举着幡、铃、杵等法器。前面一双手当胸合掌，肘下左右又各伸出一条手臂。此尊铜观音，铸造于开宝四年。造型端庄、表情恬静、比例合理、衣纹熨帖、线条流畅，是我国铸造艺术的珍品。清末，将背后两侧的40条手臂锯掉，改成木制，甚为可惜。观音足下的平台前面，左右各塑一个供养人像，与人等高。平台周围，刻有吹笛、弹筝的伎乐天和负重的力士。伎乐天眉目清秀，线条细腻；力士双目圆睁，龇牙咧嘴，形象威武雄壮。阁内有楼梯直达顶层，可凭栏纵观正定古城风光。大悲阁左右原有御书楼、集庆阁，在1944年重修时撤掉了。

3 辽朝的寺、观建筑

辽朝的契丹统治者本信原始宗教，祭祀天地日月山川，拜祖先、鬼、神等，由于受汉人、西夏、高丽、高昌的影响，也奉信佛教和道教。他们也是借宗教迷信，来巩固自己的统治。

据《辽史·太祖纪上》记载，早在唐天复二年（902）九月，耶律阿保机在筑龙化州城（今内蒙古奈曼旗东北八仙筒镇附近）时，就开始建造开教寺。即汗位后，又在该城建大广寺。太祖六年（912），又于西楼（即上京临潢府，今内蒙古巴林左旗南）建天雄寺，以示天助雄武。神册三年（918）五月，又于西楼建孔子庙、佛寺、道观。后又建安国寺、弘福寺于西楼。但当时，契丹人仍以奉信原始宗教为主。

辽太宗耶律德光继续执行发展佛、道的宗教政策。天显十一年（936），石敬瑭割幽、云等十六州，许多寺、观都保存了下来。他建立的寺观有：永州（今内蒙古翁牛特旗东部老哈河与西拉木伦河合流处之西）的兴王寺，天显十二年（937）至会同元年（938）建；上京城西北的安国寺，东南的贝圣尼寺。从辽太宗到辽穆宗时期，私人建寺的不少，特别是在幽州地区（今北京市）。

辽景宗时，在上京城南建有崇孝寺、西长观。保宁六年（974）十二月，以全境僧、尼人数日多，乃以沙门昭敏为上京、东京、南京诸道僧尼都总管，管理佛教事务。

辽圣宗时，又在上京建延寿寺，于五台山建金河寺，而私人建寺日益增多。统和九年（991），以僧、尼人数增长迅速，他下诏禁止私度僧、尼。十五年（997），又诏令禁止诸山寺毋滥度僧、尼。开泰四年（1015）十一月，再诏淘汰东京僧人。这说明，当时在辽国境内，僧、尼及佛寺已有了相当的规模。

辽兴宗尤重佛法，他亲往佛寺受戒。高级僧侣被任命为三公、三师兼政事令的甚多。风气所及，权贵们“多舍男女为僧尼”。

辽道宗即位之初，比较关心政事，对佛教曾采取过一些限制。由于佛教势力强大，同时道宗需要宗教帮助以巩固其统治，促使他越来信奉佛法。后来，每到夏季，他便召集五京僧徒及群臣，执经亲讲；同时，“所在修盖寺院，度僧甚众”。咸雍八年（1072）三月，他一次就批准春、泰、宁江三州3000余人为僧、尼。大康五年（1079），“诏诸路毋禁僧徒开坛”，并开坛于内殿，以便让皇宫内部的人出家。由于他的提倡，辽朝境内的寺院激增，尤以南京（今北京市）为盛。奉福寺、昊天寺、天泰寺、潭柘寺等著名寺院，都建于这时。

辽天祚帝时，虽然采取了一些限制措施，但佛寺、道观有增无减。当时著名的佛寺，除上京的开龙等寺外，东京辽阳府（今辽宁辽阳市）有金德寺、大悲寺、驸马寺、赵头陀寺，南京析津府有悯忠寺、开泰寺、奉福寺、昊天寺、潭柘寺，西京大同府（今山西大同市）有华严寺、天王寺等。

契丹统治者虽然对道教也采取保护政策，但是在辽国境内，道教的道士、女冠人数和道观数目，始终远不及佛教，著名的道观几乎没有。

现在，流传至今的辽代寺院，只有今山西大同市的下华严寺的薄伽教藏殿和天津市蓟县的独乐寺。从二者可以看出辽代寺院建制的一斑。华严寺因根据《华严经》而建，故名。建于重熙七年至清宁八年（1038～1062），规模宏大。保大二年（1122），部分建筑毁于战火。金天眷三年（1140）重建，明、清又进一步重修。整个寺院殿宇巍峨，高低错落，井然有序。主要殿宇皆面向东方，与今绝大多数寺院坐北向南的建制不同，这是因为契丹人信鬼拜日面向东方的原始宗教信仰及居住习俗。

华严寺分为上下两组建筑。下华严寺以薄伽藏殿为中心，更多地表现出辽代的建制。它分为两院：前院宽展，后院紧凑。前院前面是山门，院内是天王殿，宽三间，左右配殿各三间，都是明、清时所建。天王殿之后，登上十五级台阶，穿过木牌坊，便是后院。中央是一座高台，台前左右各有六角亭一座，两边有厢房各三间，都是清代所建。高台正面是薄伽教藏殿，秀逸挺拔。它是该寺保存至今的唯一辽代建筑。里面的佛像、石经幢、楼阁式的藏经柜及天宫楼阁，都是辽代的遗物。

“薄伽”，梵语为“世尊”；“教藏”，是藏经。“薄伽教藏殿”，就是专门存放佛经的殿堂。创建于重熙七年（1038），系木结构建筑。殿坐西向东，面阔四间，进深四间，单檐歇山顶。正脊两端耸立高达 3 米的琉璃鸱吻，使该殿显得更加雄伟。屋顶坡度平缓，出檐深远，殿内外斗拱有 8 种，外檐柱头五铺作双抄。整个建筑结构严谨，比例适当，保存了唐代简朴、深厚、雄伟的遗风，是辽代殿堂建筑的优秀代表作。殿内设平基和斗八藻井，将梁架分为明栿与草栿两种，这都是辽代的旧作。内槽彩画中所绘网目纹、三角柿蒂等辽代通行的纹样，尚依稀可辨。整个殿内显得森沉冷肃，古色古香。在宽阔的佛坛上，共有辽代的塑像 31 尊。中央三尊为过去、现在、未来三世佛，都端坐在莲花座上，神态慈祥，造型端庄。身后都有硕大的背光，内侧饰网目纹，外侧饰火焰纹，制作精美。两旁站着弟子、菩萨、供养童子，似乎在听说法和议论。弟子都清秀温静，心领神会，姿态自然。其余或跏趺，或跪坐，或站立，造型优美，神态各异：或扬手提问；或合十静听；或心存疑问，欲问又止；或凝睇低眉，若有所思。其中观音菩萨刻画得尤为细腻生动，她面形丰满，体态秀美，头带宝冠，长辫垂肩，合掌微笑，婉丽动人。在佛坛四角，各站一个护法金刚，金身铠胄，气宇轩昂，威武雄壮。这些彩塑，充分体现了辽代的卓越技巧，具有重要的艺术价值。

殿内四周排列着重楼式的壁藏 38 间，俗称藏经柜。每间分为上下两层：上层为佛龛，外设勾栏，上有屋顶。勾栏的束腰华板，镂刻着几何形透心花纹，有 39 种之多。力避雷同，独具匠心。下层为束腰须弥座，上置经橱，内藏佛经，共 1700 多函，18000 余册。其中有明代永乐年间和万历年间刻印的佛经 1700 多册，清雍正十三年（1735）刊印的“龙藏”724 函 7240 册。壁藏斗拱共 17 种之多，形制复杂，柱头斗拱为双下昂七铺作。是目前所知的辽代斗拱中最复杂的一种。两边壁藏至后窗处，又因地制宜，架设天宫楼阁五间，两侧以拱桥与左右壁藏上部连接，浑然一体。天宫楼阁雕工极细，精巧玲珑而富于变化，是国内现存唯一的辽代木结构建筑的模型，具有重要的科学研究价值。整个壁藏又以当心间的前门和后窗为分界，分为南北两部分，原来分贮南藏和北藏，形制各异。该壁藏纯为木结构，设计严谨，雕刻精绝。它不仅是优秀的艺术品，而且对研究辽代的建筑，也有重要的价值。

辽代寺院的另一杰作是蓟县城内西关大街路北的独乐寺。该寺创建于贞观十年（636），后毁。辽统和二年（984），秦王耶律奴瓜重建。其后历代多次进行修缮和扩建，特别是在明万历，清顺治、乾隆、光绪时期和新中国成立后，修缮工程都比较大。现在，该寺只有山门和观音阁是辽代建筑，其他都是明、清所建。全寺分为东、中、西三部分：东部、西部分别为僧房和行宫，中部是寺院的主要建筑，由山门、观音阁、东西配殿等组成，山门与大殿之间，用回廊联结。这些都反映出唐、辽时期佛寺建筑的特点。

山门建筑在一个低矮的台阶上，坐北朝南，面阔三间，进深二间。柱身不高，侧角明显。斗拱雄大，布置疏朗，高度约为柱高之半。屋顶为五脊四坡形，古称“四阿大顶”。檐出深远而曲缓，檐角如飞翼，是我国现存最早的庑殿顶山门。正脊两端的鸱吻，鱼尾转向内，与明、清寺院建筑的大吻龙尾翻转向外不同。山门中间是门道，两厢分别是哼、哈二将塑像，威武雄壮。在两边的山墙上，都有彩画，华而不俗。

观音阁是一座三层木结构的楼阁。因为第二层是暗室，且上无屋檐与第三层分隔，所以从外看像是两层楼阁。阁高 23 米，中间有腰檐和平坐栏杆环绕，上为单檐歇山顶，飞檐深远，美丽壮观。阁内中央的须弥座上，耸立着高 16 米的泥塑观音菩萨站像，头部直抵三层楼顶。因其头上塑有十个小观音头像，故又称之为“十一面观音”。观音面容丰润、慈祥，两肩下垂，躯干微微前倾，仪表端庄，似动非动。虽制作于辽代，但其艺术风格却类似盛唐时期的作品。它是我国现存最大的泥塑佛像之一。观音塑像的两侧，各有一尊胁侍菩萨塑像，造型匀称，姿态优美。这也是辽代的原塑。阁内以观音塑像为中心，四周为两排大柱，柱上置斗拱，斗拱上架梁坊，其上再立木柱、斗拱和梁坊，将内部分成三层，使人们能从不同的高度瞻仰观音的面容。梁坊绕塑像而设，中部形成天井，上下贯通，容纳像身，像顶覆以斗八藻井，整个内部空间都和观音像紧密结合在一起。阁内光线较暗，正面光线较足，像容清晰，背面仅可辨轮廓，从而加强了阁内的神秘感。整个阁楼梁、柱、斗、枋数以千计，但布置和使用很有规律。梁、柱接榫部位因其位置与功能的不同，共使用了 24 种斗拱，梁、枋断面为 6 种。其大小形状，无论是衬托塑像，还是装饰建筑，处理都很协调，显示出辽代木结构建筑技术的卓越成就。

辽代的道观建筑，没有保下来。推其布局与建制，大概基本上和唐代相同，可能也是坐西向东。

4 金朝的寺、观建筑与特点

佛教在辽朝本来就很盛行，金初又因战争不断，人民纷纷投靠寺院，故佛教又有新的发展。金朝前期的几个皇帝都崇信佛教，这更加助长了僧、尼的气焰。“帝、后见像设，皆梵拜；公卿诣寺，则僧居上坐。”京城及各个地区，都设有僧官，管理佛教事务。僧官“出则乘马、佩印”，声势显赫。天会八年（1130）五月，太宗以僧、尼太多太滥，才开始禁止私度僧、尼。

金海陵王对信佛很反感。他说：“今人崇敬，以希福利，皆妄也。况僧者，往往〔系〕不第秀才、市井游（食）〔民〕，生计不足，乃去为僧……闾阎老妇，迫于死期，多归信之。”他以高僧法宝妄自尊大，杖之二百；以张浩、张晖屈坐其下，失大臣礼，各杖二十。他下诏禁二月八日迎佛，毁上京会宁府（今黑龙江阿城县南白城）储庆寺。未及全面反佛，便因侵宋而被弑了。

金世宗亦累下禁令，可是没有什么效果。大定十四年（1174）四月，他下谕宰臣说：“闻愚民祈福，多建佛寺，虽已条禁，尚多犯者。宜申约束，无令徒费财用。”十八年（1178）三月，又敕禁止民间不得创建寺、观。但为了利用佛教服务，他又下令在香山建寺。二十六年（1186），香山寺成，他赐名“大永安”，给田2000亩、栗树7000株、钱2万贯，并常游诸寺，以表示尊重佛教。

金章宗初年，对佛、道采取限制政策。明昌元年（1190）正月，“制禁自披剃为僧、道者”。十一月，“以惑众乱民，禁罢全真〔道〕及五行毗卢”。次年十月，又“禁以太一混元受箓、私建庵室者”。又禁止僧、尼、道士出入亲王及三品以上官员之家，他的这些措施，限制了佛、道的盲目发展。自承安元年（1196）以后，由于兵兴，国用不足，遂公开出卖僧、道度牒，以补国用。此后，便形成一个惯例。

金卫绍王、金宣宗、金哀宗时期，随着蒙古大军的不断南攻，战争更加频繁，国家经济因之更加困难，出卖僧、道度牒，便成了政府财政收入的经常来源之一。这种饮鸩止渴的办法，只能解决财政上的部分困难，僧、道和寺、观的数目却因此大增。

佛教在金朝前期，以律宗为盛，其次是禅宗。《松漠纪闻》载云，时“燕京兰若相望，大者三十有六，然皆律院”，而禅宗寺院才四所。从中期以后，禅宗日盛，著名大寺有大永安寺、大庆寺等。

在金朝，僧、尼不隶于户部，而属于僧官管辖。从中央到地方，设有各级僧官，均置僧官府，其地位与尚书、元帅、刺史、县令略同。在其中央，长官名国师，帅府长官名僧录、僧正，州之长官名都纲，县之长官名维那。国师穿真红袈裟，威仪如帝师，皇帝有时也要拜他。他升堂问话、讲经说法与南宋情况相同。僧录、僧正穿紫袈裟，处理事情时也升堂，也有衙役。僧、尼有争讼，由他们办理和判决。限三年一任，任满则易别人。都纲中赐有“大师”、“大德”师号者，赐紫服；无者穿僧侣常服。维那都穿僧侣常服。他们都是三年一任。僧尼有争讼，杖刑以下由他们判决，杖刑以上要向上申解，不能擅自处理。

由于僧、尼享有许多特权，故在全国范围内，即使贵戚、望族，也舍男女为僧、尼。全国的僧尼、寺院很多，可惜史书没有留下数字。大寺主要集中在五京，而以中都为最多。据《金史·地理志》等记载，上京的大寺有储庆寺，东京有清安寺，石城有灵岩寺，西京有华严寺，南京有开宝寺、相国寺，中都的大寺有大圣安寺、弘法寺、寿圣寺、大永安寺、大觉寺、庆寿寺以及唐、辽遗留下来的开泰寺、悯忠寺、昊天寺、竹林寺、归义寺等。

据《元一统志》记载：大圣安寺，天会中至皇统初建，取名大延圣寺。大定六年（1166），又建新堂，高二丈八尺，广十丈；轮奂之美，为京城之冠。七年，改名大圣安寺。

寿圣寺，在中都富义坊。建于大定、明昌年间。有堂宇百楹，僧百余人。

大永安寺，在香山，规模更为宏大。分上、下二院：前院因山之高下，前后各建大阁一，复道相接，装有栏杆，俯而不危。前阁名翠华殿，后阁叫经藏阁，中为钟楼、鼓楼。下院前有山门，中为佛殿，后为方丈室、云堂、禅寮、客舍；两旁有廊庑、厨房、库房。千柱林立，万瓦麟次。柱、梁、斗拱等，均外漆金碧丹砂，饰以旃檀；顶盖琉璃瓦。整个建筑庄严、华丽。进入该寺，鸟语花香，如入众香之国。

大觉寺，旧在开阳门外，荒寒卑小。天德三年（1151），扩大中都城，寺遂变入开阳东坊。大定中，赐名大觉寺，并进行重建巨钟楼，筑舍利塔奉旃坛圣像堂；寺宇坏缺的地方修补完整，旧的地方更新，于是变成了一所庄严而华丽、清静的寺院。

金代的寺院，只有极少数有佛塔。建筑布局多采取因地制宜，也有不少大的寺院把主要建筑排列在一条中轴线上的。自中期以后，禅宗转盛，故其寺院建筑多为包括佛殿、法堂、僧堂、库房、山门、西净、浴室的综合建筑；较大的寺院，还有讲堂、经堂、禅堂、塔、钟鼓楼等建筑。寺宇大多都很庄严华丽。

金代遗留至今的寺院尚有：山西大同市的上严华寺大雄宝殿，建于金天眷三年（1140），位于该寺一个4米高的大台基上，坐西向东，前有月台，周围装有栏杆。殿面阔九间（53.75米），进深五间（29米），面积达1559平方米，是我国现存的金代两大佛殿之一（另一座是辽宁义县奉国寺大殿）。单檐，庑殿顶。檐高9.5米；殿顶脊高1.5米；两端为琉璃鸱吻，高4.2米，是国内古建筑上最大的琉璃吻兽。屋顶覆盖着筒瓦，每块长76厘米，重27公斤。在前檐之下，有壶形板门三道，形制古朴。四周的柱顶上是巨大的斗拱，淳朴浑厚而多变。它撑托着翼出的屋檐，转角处则角梁平伸，翘起甚微，显示出该殿雄伟壮观、结构稳固的气势。殿内中央砖砌的佛坛上，是五尊金身大坐佛：即东方药师佛，西方弥陀佛，南方宝生佛，北方成就佛，中央毗卢佛。中间三尊为木雕，其余两尊为泥塑，均为明代所作。大佛两侧，侍立着二十诸天，也是明代作品。殿内四周的壁画，是清光绪年间所绘。

位于今山西朔县城内东北隅的崇福寺，创建于唐麟德二年（665），当时有山门、钟楼、鼓楼、大雄宝殿、东西配殿、藏经楼、金刚殿等主要建筑。金皇统三年（1143），又添建弥陀殿七楹和观音殿五间，寺院规模更为宏敞。天德二年（1150），金海陵王赐额为“崇福禅寺”。此后元、明、清各代，都曾修缮、扩建和重建。现存寺内的金代建筑，只有弥陀殿和观音殿，其他为明、清建筑。

弥陀殿是该寺的主殿，也是该寺建筑的精华所在。殿面阔七间（40.96 米），进深四间（22.31 米），平面为长方形。单檐，歇山顶，总高约 21 米。为了扩大殿内空间面积，突出佛坛位置和礼佛部位，采取减柱和移柱的做法。这是我国建筑史上的大胆创造。斗拱为七铺作，梁架结构奇巧，大额枋之下，用斜木支撑。殿顶用筒坂布瓦覆盖，以绿色琉璃沟滴和脊饰剪边，正垂各脊用瓦条垒砌，两个高大的琉璃鸱吻，矗立在正脊的两端。正面檐下，悬挂着"弥陀殿"竖匾。这是金大定二十四年（1184）的原物。前檐用大门、隔窗装修，左右后面为墙。其中以隔扇和横披窗上的棂花最为精致，形状略似宋人李仲明《营造法式》中的"挑白毬纹格眼"，图案纹样达 15 种之多，精致秀丽，风格古雅，刀法洗练，是我国现存的古建筑中罕见的珍品。该殿建于高大的台基上，前面又有宽敞的月台，显得殿宇雄伟瑰丽，肃穆庄严。

弥陀殿内的塑像，高大魁梧，富丽精致，是我国金代彩塑中的代表作。佛坛宽近五间，上有高达 8 米多的塑像三尊；中为弥陀佛，左为观世音菩萨，右为大势至菩萨，均结跏趺坐在高大的束腰式的须弥座上。这"西方三圣"，像貌端庄，面目慈祥；菩萨娴静，面貌清秀，肌肉丰满。身后的火焰形背光，高达 14 米，直矗在平榑之上。制作精巧细腻，色泽优美。三圣两侧，有胁侍菩萨四尊，细腰宽胸，身躯微曲，姿态秀美，衣纹流畅。佛坛前两角，有二金刚守护，怒目圆睁，威武雄壮，神圣不可侵犯。墙上满是壁画，高

5.73 米，长 60 多米，面积共 345.75 平方米，皆为金代作品。东、西墙各三组壁画，均为说法图。佛像丰润端庄，袒胸露腹，都一个个的结跏趺坐在束腰的莲花座上。各组图的手势各异。佛像的两侧有二胁侍菩萨，手持莲花、牡丹、宝盆、经卷、杯盘、花碗、珊瑚等物。南壁西部画面为千手千眼十八面观音及龙女、金刚、夜叉等；东部画面上排为“三世佛”，下排下除盖障、妙吉祥、地藏王三菩萨。北壁画面上的佛像已不存在，仅存菩萨像、八宝观及十六宝观图。整个壁画笔法严整，线条清晰；设色以朱红、石绿为主，间着黄、白、蓝、赭等色，显得柔和协调，妍丽而庄重，是一组承袭晚唐画风的金代佳作。

观音殿位于该寺最后，也建于一座台基之上。殿基前有月台，与弥陀殿台基相连，很像是两殿之间的甬道。殿面阔五间（25.54 米），进深三间（13.48 米）。单檐，歇山式屋顶。殿内前槽柱子全部减去，后槽四根金柱设在佛座两侧，不引人注目，从而使殿内空间显得十分宽敞，佛事活动更为方便。梁架使用“人”字梁大叉手。这是我国古建筑中年代较早的一个实例，具有研究价值。殿内供奉着“三大士”塑像：中为观音，左为文殊，右为普贤，是明代作品，可能是补金代塑像而作。

总之，金代的寺院建筑及佛像布置，都有自己的特点。

道教在全国虽不及佛教势力之大，但也有一定的发展。据《大金国志》记载：全国崇重道教，与佛教相同。道教主要是在汉人居住的地区。金朝仿效辽朝，也设立道官。于帅府一级，正官名道录，副官名道正。所有道官，均择用精于法箓者；三年一任，任满则另换人。熙宗时又分道阶，共六等；亦有侍宸、授经之类。常设斋会，诸贵人每次布施，往往达千缗。

在金国，道教内部的宗派很多，著名的教派有太一教、真大道教、全真道。大教派内部，又有小教派。至金末元初，全真道独盛，成为中国道教的五大宗之一。

在金朝的五京城内，均有道观，其中最多最大的在中都。最大的道观有十方天长观（又名太极宫）、天宝宫。金世宗标榜清静无为，崇道甚于崇佛，他在大定七年（1167）于唐天长观旧址复建观宇，历时八年始成，赐名十方天长观。规模宏大，装饰华丽。即今白云观前身。该观前有三门，设虚皇醮坊三级。中间是大殿，名叫玉虚殿，以奉三清；还有通明阁，以奉昊天上帝。有延庆殿，以奉元辰众像。其东西各有一殿，东殿名澄神，西殿名生真，二殿供奉十六位元辰。东有钟阁叫灵音，兼奉玉皇大帝、虚无玉帝。次有大明阁，以奉太阳帝君。又次有五岳殿，以奉五岳神及长白山兴国灵应王。西阁名飞玄，以秘道藏，兼奉三天宝君。次有清辉阁，以奉太阳皇君。又次有四渎殿，以奉长江、黄河、淮水、济水之神。洞房两庑及方丈凡百十六楹有余。至于栋梁杆栭之材，丹护涂茨之饰，图绘偶像之工，虽龙松锦枸，云祥星祐，阁海香琼，贲丘朱泥，班倕之巧，吴张三妙，都不超过此观。“花钱以钜万计，皆出自禁中”，该观于明昌年间（1190～1194）曾增修。章宗屡次至天长观，建普天大醮（即为全国禳除灾祟而设的道场）。至泰和二年（1202），被火焚毁。第二年重建，改名太极宫。习惯上仍称天长观。

今山西晋城市东13公里府城村后冈上玉皇庙，始建于北宋熙宁九年（1076），金泰和七年（1207）重建，名岱岳观。元、明、清三代曾加修缮和扩建，并易名为玉皇庙。今庙只剩汤帝殿为金代建筑，由此也可以看出当时道观建筑的概况。该殿位于中院正中，内供原塑成汤大帝像，旁有站像二尊。东面有两配殿：一供东岳大帝黄飞虎，东侧为黄妻端星坐像，西侧为黄飞虎的后裔、丙灵公黄天化的斜坐像；一供马王、牛王、圈神，俗称三王殿。东庑有禁王殿和五道殿。禁王为一红脸大汉，掌管监狱，两侧分别为东汉的名医华陀和唐代的名医孙思邈。西庑是高媒祠，俗名奶奶庙。主像为周文王夫妇及其贵妇、乳母。相传他有99子，后又收雷震子为子，故后人敬有“百子图”。又南有两配殿：一为六瘟殿，塑有瘟神六尊；一为地藏殿，塑有地藏王、闵公居士、道敏和尚、两胁侍和十罗阎王。这些塑像虽是后代遗物，但也反映了金代岱岳观内神仙位次排列的基本情况。

五　元、明时期的寺、观及其建制

1　元代佛寺建筑的大发展

蒙古人原本崇拜天、地、日、月、名山、大川，特别是迷信鬼、神。畏兀儿降附后，蒙古统治者接触到佛教，发现其内容多与蒙古的原始宗教吻合。在灭西夏、金的过程中，又发现佛、道在帮助消除人民的反抗、巩固其统治上，有着很大的价值。因此，从成吉思汗到窝阔台、贵由、蒙哥诸汗，都对佛教和道教采取保护、提倡和利用的政策。当蒙古第二次进军金境时，成吉思汗就专门颁布命令，要军队保护佛教临济宗大师中观、海云师徒，吩咐他们"好好与衣、粮养活着，教做〔个〕头儿。多收拾那般人，在意告天。不拣阿谁，休欺负"，让他们自由通行。海云、万松等高级僧侣，都受到成吉思汗的特殊礼遇。蒙哥汗时，又任命海云掌管全国的佛教事务。大汗在一些军国重大问题上，往往征求他们的意见。许多佛寺不仅受到保护，而且得到优厚的赏赐。所以《元史·释老传》

上说："元起朔方，固已崇尚释教"了。

贵由汗时，统治吐蕃地区（今西藏、青海）的喇嘛教萨迦派第四代祖师萨斑（或译作"班智达"）同阔端达成协议，于是，乌斯、藏、纳里地方全部服属于蒙古。但是吐蕃地区广大，分裂割据，首领们各自为政，民风强悍，不易治理。至元世祖，便利用喇嘛教来统治整个吐蕃地区。为此，他抬高喇嘛教的地位。中统元年（1260），他任命萨迦派第五代祖师八思巴为国师，统领全国的佛教（包括喇嘛教）及僧、尼、喇嘛。又设总制院（至元二十五年改为宣政院），掌管吐蕃地区事务，而由国师统领。自此，国师均以萨迦派首领担任。于是，喇嘛教传入大都和内地，成为内地佛教的重要组成部分，而且起着深远的影响。

元世祖及其后继诸君，都极其迷信佛教。各代皇帝都要先受佛戒九次，才能登上帝位。为了祈福，他们都不断花费巨额资金，大做佛事；大建新寺，并赐予寺院巨额金银财物和土地。当时有人估计："国家经费，三分为率，僧居二焉。"简直是骇人听闻！在诸帝的大力倡导下，佛教在元代得到了很大的发展。由于诸帝给予喇嘛教种种优待和特权，喇嘛的权势盖过官府。他们横行不法，凌辱官员，官民敢怒而不敢言。元末危素说："盖佛之说行乎中国，而尊崇护卫，莫盛于本朝。"

据《元史·世祖纪》记载，元世祖兴建的佛寺有：大护国仁王寺，至元七年（1270）始建于大都（今北京）高梁河，至元十一年三月才建成；大圣寿万安寺，至元九年始建于大都，至元十六年才完成。这两座寺院规模都很大。接着，又在五台山建立延福寺，在大都城南建护国寺；毁会稽（今浙江绍兴市）南宋宁宗等攒宫，建泰宁寺；毁钱唐县（今杭州市）南宋郊天台，建龙华寺。江南佛教总摄杨琏真加又以发掘南宋陵墓所得金银宝器，修建天衣寺；以宋宫室建塔一、寺五。诸王也纷纷建寺、度僧，为来生立功德。至元二十七年九月，以其扰民，下诏禁止。然此风并未止息。这年，宣政院上报说：全国寺宇共42318所，僧、尼共213148人，喇嘛寺院及喇嘛还不在其内。

元成宗即位，针对世祖晚年之弊，曾对佛教作过一些限制，特别是对僧尼的不法行为。大德三年（1299）七月，中书省言："江南诸寺佃户五十余万，本皆编民，自杨总摄冒入寺籍，宜加厘正。"成宗从之。但是，他也做了一些大的佛事活动，新建了几座大寺院。据《元史·成宗纪》记载：元贞元年（1295）四月，成宗为皇太后祈福，建佛寺于五台山。至大德元年（1297）三月，方才完工。接着，五月又建临洮佛寺。九年（1305）二月，"建大天寿万宁寺"于大都。帝师辇真监藏卒，除赏巨额金银钱物外，还为他建了两座塔寺。

元武宗在位虽然只有五年，但他共建了五座寺、阁，工程都很浩大，多系同时动工。《元史·武宗纪》载言：大德十一年（1307）八月，下诏建佛阁于五台寺。十一月，又建佛寺于五台山。至大元年（1308）

二月，为皇太后修五台山寺和为太子建佛寺于大都城，三月，建佛寺于大都城南。三年十二月，建大崇恩福元寺于大都。除了佛阁、五台山寺完成外，其余的均因工程浩大，未及完成，武宗便一命呜呼了。

元仁宗是一位很有作为的君主，即位之后重儒，对武宗崇佛的弊政多所厘革。据《元史·仁宗纪》记载：至大四年（1311）正月，他即下诏停止各地的土木工程，包括各寺院的修建。二月，停运江南所印佛经；禁止宣政院违制度僧，禁止吐蕃地区的喇嘛无故至京师，以减少沿途骚扰。撤销江南行通政院、行宣政院，罢内地总统所及各处僧箓、僧正、都纲司，规定：凡僧人诉讼，悉归官府。又针对喇嘛做佛事后大赦，强调不许赦免十恶大逆等罪者。他还革除了佛寺免赋税的一些特权，对其仗势欺人和诸不法行为多所限制。这些措施，不仅缓解了当时的民族矛盾与阶级矛盾，而且扭转了国家财政入不敷出的局面。

但是，仁宗也兴建了一些佛寺。至大四年五月，他赐国师板的答钞万锭，以建寺于旧城（即金中都故城）；十二月，以和林税课建延庆寺；修建武宗未完的大崇恩福元寺，至皇庆元年（1312）四月，最后完成；又给钞万锭，修建香山永安寺；次年九月，又敕镇江路建银山寺；延祐五年（1318）十月，建帝师巴思八殿于大兴教寺，给钞万锭。共计建寺 6 座，规模都不小。

延祐七年（1320）正月，元仁宗死，庄懿慈圣太后临朝主政，下令停建永福寺，籍江南假冒为白云僧者为民，夺喇嘛辇真哈剌思等所受司徒、国师等官，并销其印。可是，这年四月元英宗即位之后，一反上述政策，狂热地推崇佛教，重新给予僧、尼，特别是喇嘛各种特权，大办佛事，大给赏赐，大建佛寺。据《元史·英宗纪》记载：延祐七年九月，他就下令修建寿安山寺（即今北京卧佛寺之铜卧佛），因其规模庞大，拨给大量的资金和人力。至治元年（1321）十二月，又拨给铜 50 万斤，铸佛像。但是直到第三年他死，该寺仍未完成。延祐七年十一月，他又诏各路长官建造帝师八思巴殿，建制要超过孔子庙。又继续修建永福寺，至次年二月完工。同月，又调军 3500 人修上都（今内蒙古正蓝旗东北，闪电河北岸）华严寺。三月，又建帝师八思巴寺于大都。但都没有完成，他就被杀了。

元泰定帝比元英宗更加迷信佛教。至治三年（1323）九月即位后，立即大办佛事，大修寺院。据《元史·泰定帝纪》记载，他建的寺院有：长庆寺，建于泰定元年（1324）七月；二年七月至三年八月，又建大乾元寺；同时建大乾元寺于五台山。当时国库空虚，他在位仅仅五年，就建立了三个寺院、三个神殿。

元文宗是靠燕铁木儿发动政变，阴谋杀害他的哥哥元明宗而最后登上帝位的，他感到很心虚，除了依靠军队维持其统治外，还需要有宗教，特别是佛教的帮助。因此，他成了一位狂热的佛教信徒，在位才三年多，由于他大办佛事，大建佛寺，大肆挥霍，很快便把没收政敌的钱财花光了。他建造的佛寺工程很大。根据《元史·文宗纪》记载：天历二年（1329），他被燕铁木儿迎至大都，即于三月命令将其集庆路（治所在今江苏南京市）的王府改建为大龙翔集庆寺。该寺规模很大，花费的钱财很多，日夜赶修，于至顺元年（1330）十二月才完成。次年五月，为明宗求冥福，又建大承天护圣寺于大都。该寺最初规模很小，不久皇后捐银5万两，规模方才扩大。该寺经过三年营建，至顺三年（1332）五月才算建成。与此同时，他又建万寿寺和海南兴龙普明寺、普庆寺。当时到处饥荒，又用兵云南，国库入不敷出，群臣谏阻，他说“吾建寺，为子孙、黎民计”，根本不听。至顺二年正月，又以英宗所建寿安山寺未完，令中书省给钞十万锭续建。三年，社会严重动荡不安，岭南的少数民族已在举行起义，他才在正月下诏“罢诸建造”。实际上，这些寺院在完成后才停工。时京城内外寺院共367所，全由政府供给。

元宁宗即位不到两个月就死了。及至元顺帝继位，国家内外矛盾已非常尖锐，因此，他很少做佛事，没有建佛寺。相反的，他针对文宗的宗教政策，还进行过一些改革，特别是对佛教采取限制；由于各地僧侣对此置之不理，官吏阳奉阴违，收效甚微。其后，元朝在农民的大起义下被推翻，盛极一世的佛教也宣告衰落。

元代的僧、尼及寺都很多，但是，中、后期没有确切的统计数字，这大概是假冒者太多的缘故。元中期吴师道说："天下塔庙，一郡（即"路"）动〔辄〕千百区，其徒率占民籍十三。"即僧、尼人数占编户的3/10。文宗至顺二年二月，"立广教总管府，以掌僧尼之政"。凡十六所，即相当于今河北、北京、天津、山西、辽宁、河南、湖南、湖北、江苏、安徽、上海、浙江、福建、江西、广东、广西、海南、山东、陕西、甘肃及青海省东北部、四川、云南等省市，都有佛寺和僧尼，在青藏高原，则为喇嘛教。其上级机关为宣政院；其下有各级僧司衙门。教派置总摄，寺院置住持，层层管理，十分严密。

各地的寺院，因其大小不同，僧、尼的人数也就各异。小的只有几人，中等的有十几人至几十人，大的达几百人至千人。官建的寺院衣食均由政府供给，故出家为僧尼的人很多，国家财政支出很大。

在宋、元时期，寺院一般分为禅、教、律三大类。元代的佛寺以官建的规模大，私建的规模小。就其建制来说，它既继承了宋、金的风格，又有自己的特点。现在保存下来的元代寺院已经很少了，保存完整的几乎没有。兹将其有代表性的佛寺建筑介绍于下。

卧佛寺位于北京市海淀区寿安山南麓。原名兜率寺，创建于唐贞观年间。元初名寿安山寺。延祐七年（1320）九月，英宗下令扩建。至文宗至顺年间完成，改名大昭孝寺，后又改洪庆寺、寿安山寺。该寺规模宏大，是大都的最大寺院。因寺内有一尊巨大铜卧佛像，故俗称卧佛寺。明宣德、正统年间重修、改称寿安禅林。崇祯年间改名永安寺。清雍正十二年（1734）

重修，又改名十方普觉寺。

该寺背靠寿安山，面对京郊平原，坐北朝南，由三组平列的院落组成。中路的入口处，有一座琉璃牌坊，汉白玉须弥基座，券门，红墙，四柱七顶，色彩绚丽，雄浑壮观。过坊是一个半圆形的水池，水池上有一座汉白玉雕栏石桥，通向山门。自山门敞厅向北，依次为天王殿、三世佛殿（正殿）、卧佛殿、藏经阁，都处于一条中轴线上，共三进院落。两侧围以庑廊、配殿、客堂、方丈室，把三大殿及藏经阁联结成一体。东组建筑物有斋堂、大禅堂、霁月轩、清凉馆、祖堂等；西组建筑物为行宫院。卧佛殿是全寺的精华所在。殿面阔七间，单檐，歇山顶，黄色琉璃瓦。檐下为五踩斗拱，顶棚有彩画天花。殿内的铜卧佛，系元至治二年（1322）铸造，长一丈五尺五寸，重25万公斤。这尊释迦牟尼铜像全身比例匀称，体态自然；衣服线条自然流畅，整个制作十分精细。卧佛为侧身睡卧状，头西面南，双腿直伸，左臂平放在腿上，右臂弯曲，右手托着头部，神态安详，表现出佛祖“大彻大悟、心安理得”的内心世界。卧佛后面的石砌须弥座上，立着十二个弟子的泥塑彩绘像，个个眉垂目低，表情沉重悲哀。这一组佛像，是表现当年释迦牟尼涅槃于娑罗树下时的情景，它体现了元代能工巧匠们的铸造技术和雕塑技术的高度成就。

广胜寺位于山西省洪洞县东北17公里的霍山南麓。东汉建和元年（147）创建，后毁。唐大历四年（769）郭子仪奏请重建，名广胜寺。元大德七年

(1303) 为八级大地震所毁，九年秋重建。后经明清两代修缮与扩建，遂成今天的规模。整个寺院分为上寺、下寺和水神庙三组。上寺在山顶，下寺在山脚，水神庙在下寺西侧。水神庙虽系元代建筑，其内容完全是一座风俗神庙，上寺系明代重建，故只介绍下寺。

下寺位于霍泉源流北侧，依地势建造，高低层叠，主次分明。该寺由山门、前殿、后殿、垛殿等建筑组成，都排列在一条中轴线上。山门又称天王殿，面阔三间，进深二间，四架椽，单檐、歇山顶；前后檐加出雨搭，酷似重檐楼阁。檐下无廊柱，门内设中柱；门窗不安在中柱间，而将板门装在前檐的柱子上，与一般山门不同，形制特殊。是一座很别致的元代建筑，为国内罕见。由山门向上，是前殿，系明成化八年(1472) 重建。两侧的钟、鼓楼，为清乾隆十一年(1746) 增建。前殿之后是后殿，建于元至大二年(1309)。面阔七间，进深三间，八架椽，单檐、歇山顶。正中三间开门，两梢间开直棂窗。角柱升起显著。殿内中央供三世佛，两旁为文殊、普贤二菩萨。这些塑像也是元代所造。虽经清代补修，仍未改原样。各像都肌肤丰润，衣褶披垂自然。眼窝深凹，色泽陈旧，形制、手法与别的塑像不同，显然受了喇嘛佛教的影响。四壁原来绘满壁画，1928 年被寺僧贞达等盗卖给了美国人，现藏于美国堪萨斯城的纳尔逊艺术馆。从残存于东墙上的壁画，可以看出它是善财童子五十三参。画工精美，色泽鲜艳，是元代建殿时的作品。面垛殿为元至正五年（1345）所建，阔三间，四椽、悬山顶。前檐插廊，两山出际甚大，悬鱼惹草秀丽。这说明，元代内地的寺院，均按中轴线排列，左右对称。

圆通寺位于云南昆明市内东北隅，前临圆通街，后依螺峰山。始建于南诏时，元至元初毁于战火，大德五年（1301）于旧址重建。当时在山崖之巅建观音大士殿三楹，崖之南建藏经殿三楹，又南建释迦牟尼殿三楹，以及一座钟楼、两座塔。至延祐六年（1319）建成，成为昆明一座宏伟壮观的佛教寺院。明、清两代不断增建，遂成今天的面貌。该寺的主体建筑大雄宝殿，建于元代。面阔七间，重檐，歇山顶。内外梁柱粗壮，其上为各式斗拱，上面的天花藻井镂空雕刻，极为精美，表现气势雄伟，富丽堂皇。殿内正中供奉着元代彩塑如来佛像，左为阿弥陀佛像，右为药师佛像。在这三尊大佛像之后，是接引佛等三尊塑像。大殿四壁，为十二圆觉、二十四天神、五百罗汉塑像。中央有明塑龙柱一对，高达10米；青黄两条巨龙盘绕大柱，张牙舞爪，凶猛异常，作欲斗状，十分生动，见者无不惊心动魄。这只见于西南地区。

在元代，塔已不再是供奉佛祖舍利的地方，而成了高僧的灵塔。

2 元代的道观建筑与建制

元代诸帝对道教也很重视。早在成吉思汗十四年

（1219）西征之时，就派人持诏到山东登州（今山东蓬莱），招聘全真道著名道士丘处机，争取他为蒙古政权服务。丘处机立即率其弟子 18 人，经长途跋涉，行程万余里，历时四年，与成吉思汗会于斜米斯干城（今乌兹别克斯坦的撒马尔罕）东。他每次相见，都劝成吉思汗不要烧杀；及问为治之方，则对以“敬天爱民”为本；问人生长生之道，则对以“清心寡欲”为要。成吉思汗赞赏其言，称之为“仙翁”；下诏免除全真道观的赋税徭役。丘处机回国后，令其徒持敕牒求余民，使被掠为奴者复为良民，使面临死者得以复生，共计达二三万人。由于他得到成吉思汗的赏识，并做了这些善事，许多蒙古贵族和汉族上层都对全真道大加尊奉。成吉思汗赐丘处机居燕京太极宫，既而封之为“真人”，改其所居为长春宫，并进行大规模的重修和扩建。丘处机死后，其徒尹志等世奉玺书，袭掌全真道。因此在蒙古诸汗时，北方的全真道观很多。

另一派为真大道教，以苦节危行为主。五传至郦希诚，居燕京天宝宫，见知于蒙哥汗，被封为“太玄真人”，领本派教事。该派道观在北方不少。

又太一教四传首领肖辅道，是一个很有才学的道士。忽必烈在蕃时，闻其名，召至和林。奏对称旨，因留居宫邸。他以年老辞归，让其弟子李居寿领本派教事。此派的宫观在北方也不少。

由于蒙古统治者对佛、道积极扶持，均加利用。于是两教争宠，互相倾轧，甚至聚众斗殴，矛盾日益尖锐。蒙哥汗为此组织双方的领袖人物进行辩论，以解决他们之间的矛盾。可是，在两次辩论会上，均因蒙古统治者倾向于佛教，而以道教失败告终。最后一次参加辩论的17名道士，被勒令削发为僧。会后，不少道教宫、观改成了佛寺，许多道教经典被烧毁。自此之后，佛教的地位在道教之前，成为元代的定制。

元世祖曾于中统二年（1261）七月，命炼师王道姑于真定建道观，赐名玉华。那只是对王道姑的“古烈妇之风”敬佩而已。在北方的道教领袖人物中，他比较重视的只有太一教第五代度师李居寿。至元三年（1266）十一月，世祖召他进京，主持祈福。十一年，为他建太一宫于两京，赐名太乙广福万寿宫；命他领祠事，且禋祀六丁，以继太保刘秉忠之术。十三年，又封他为太乙掌教宗师。而全真教自丘处机死后，教门无能人，因此不再受重视。对真大教，也是如此。

在南宋统治地区，影响较大的是信州贵溪县龙虎山的正一道。该派在唐、宋时期虽受过封赠，但未得宠信。在蒙哥汗九年（1259），忽必烈统军攻打鄂州（今湖北武汉市武昌）时，就派人争取正一道。天师张大可对其使臣说：“二十年后，天下当一统。”至元十三年（1276），平定南宋，世祖遣使召其第三十六代天师张宗演至大都，待以客礼，命他主领江南三山（龙虎山、合皂山、茅山）道教符箓。于是，正一道成为江南道教中最大的也是最有权势的派别，世代受到元代诸帝的尊宠。因此，江南的道教宫、观猛增，超过了北方的道教各派。

后来，道士亦多不法，故世祖晚年对道教采取限制。成宗、武宗、仁宗、英宗、泰定帝、文宗、顺帝，都是采取这个政策，故道教在元代没有大的发展，道观和道士的数目不及佛教的1/10。

在元代，道教事务属集贤院管辖。在地方，道教也设有道官及衙门，也常常坐衙审判、施刑。如在江西抚州地区，道官出入，都是前呼后拥，要行人回避，就像刺史等官一样。在元代，除了佛教之外，道教在社会上也有相当大的影响。概括地说，元代前期，北方全真道的影响最大，太一道次之；在南方，正一道影响最大，三茅山道次之。至元代后期，正一道在北方也有一定的传播，全真道在江南也有较大的发展，逐渐形成全国影响最大的两大派别。这就是元代以后的道教文艺作品，常以“全真”作为道士代名词的原因。

道教的宫、观地点，主要在名山。南方如龙虎山、合皂山、三茅山、衡山、青城山、峨眉山，北方如武当山、嵩山、华山、终南山、金合山、崂山，都是道观集中的地方。这与道士修炼，需要清静神秘的环境有关。在大都、上都、真定、卫州等大、中城市亦有道教宫、观，那主要是道官衙门。在元代，官修的宫、观很少。大概只有僧官才吃皇粮，其余均靠自己经营农业和商业来维持生计。

元代的道教宫、观，几乎全部被毁。现存完整的，只有山西芮城县的永乐宫。其他如河北曲阳县的东岳庙等，都只残存一点殿宇。但从这些遗留的建筑物中，我们也可以了解到元代道教宫、观建制的一些特点。

永乐宫，原在芮城县西南20公里的永乐镇，南临黄河，北靠峨眉山，茂林修竹，环境十分优美。1959年，因其地处三门峡水库淹没区内，故照原样迁移于县城北3公里的龙泉村东。

永乐镇系“八仙”之一的吕洞宾诞生地，吕洞宾本唐咸通年间的进士，因受钟离权度化，弃官学道，四出云游，道号纯阳子。死后，被封为“纯阳帝君”，乡人将其故居建为吕公祠。至金末，随着有关吕洞宾的神话广泛流传，奉祀者日多，遂将其祠扩建为道观。窝阔台汗三年（1231），该祠毁于火灾。其时全真道受宠，吕洞宾因此备受尊敬。次年，窝阔台汗敕令重建，升观为宫，赐名大纯阳万寿宫。后又扩建，自贵由汗二年（1247）开始，历时15年，至世祖中统三年（1262）才完成三清宫等主要建筑。至元三十一年（1294），才最后建成龙虎殿。因建在永乐镇，故俗称永乐宫。在当时，永乐宫与大都的长春宫、终南山的重阳宫，合称为道教全真派的三大祖庭。在明、清两代，曾对永乐宫多次进行小规模的维修，但原来的建筑风貌未变。

永乐宫坐北向南，规模宏大，占地86880平方米。布局疏朗，殿宇巍峨，气势壮观。主要建筑有宫门、龙虎殿、三清殿、纯阳殿、重阳殿。这些主要建筑物，都排列在一条中轴线上。其中除宫门为清代增建外，其余都是元代的建筑。它和佛寺以及明清时代的道观建制不一样，在这四大殿两侧，都没有配殿和庑廊等附属建筑物，而是用围墙把各座建筑联结成一个整体。它共有两道围墙：一道围墙是将三清殿、纯阳殿、重阳殿围成一个长方形的中心院落。这一组建筑，集中在该宫后半部的台基上。另一道围墙是外墙，是从宫门将龙虎殿等其余建筑围在里面。于是便很自然地出现了前后两院，主次分明。在各殿四周的墙面上和拱眼壁上，满是壁画，面积达 1005.68 平方米，规模之大，仅次于敦煌壁画。这些元人作品，题材丰富，笔法高超，是我国绘画史上的杰作。

穿过宫门，进入前院，迎面便是龙虎殿。清代以前，它是永乐宫的大门，名叫无极门。殿宽五间，深六椽，庑殿式。中三间于柱上安门，梢间筑隔壁，檐头有斗拱承挑，梁架全部露明，简洁坚固，做法上沿袭宋、金草栿规则。门墩为六只石雕狮子，姿态生动。门上有“无极门”竖匾一方，系元正奉大夫参知政事、枢密副使商挺所书，字体健美，笔力遒劲。两侧有卡墙封护，有掖门可通。殿基高峙，后檐踏道向内收缩，因此殿基呈“凹”字形。殿内原有青龙、白虎两星辰泥塑像，故俗称龙虎殿。在后部的两梢间有壁画，内容为神荼、郁垒、神将、神吏、城隍、土地等 26 个守卫仙界的天神，个个手执剑戟等兵器，横眉怒目，威风凛凛；身着铠甲，衣带飘扬，活灵活现。其像虽有残损，但原作风格仍在。

走出龙虎殿，穿过绿草茵茵、花团锦簇的庭院，便是永乐宫的主体建筑三清殿。它位于全宫前面，与佛教寺院主殿在后截然相反，而近似皇宫的布局。本名无极殿，因殿内供奉玉清元始天尊、上清灵宝天尊、太清道德天尊，故又称三清殿。大殿建于高大平坦的台基上，雄伟壮丽。殿宽七间，进深四间。八架椽，单檐、五脊顶。前面月台宽阔。前檐下装隔扇门，四壁无窗。殿内减去前槽金柱，空间敞朗，殿内藻井镂刻精细，上面的人物、花卉、龙、凤、麒麟，千姿百态；井底盘龙，雕工尤佳。各个构件上的彩绘保存完好，有彩有塑，彩塑结合，为它处所罕见。殿顶以黄绿蓝三彩琉璃瓦剪边，上则三彩琉璃浮雕相连，组成五条屋脊，制作工精，色泽鲜艳。两支大鸱吻各为一条巨龙盘绕而成，上施蓝釉孔雀，光彩夺目。殿内墙上都是壁画，画面高 4.26 米，全长 94.68 米，除拱眼壁画外，共有 403.3 平方米，系元泰定二年（1325）河南洛阳名画家马君祥等所绘。内容为《朝元图》，即诸神朝拜道教始祖元始天尊的图像。图中以南极、东极、紫极、勾陈、玉皇、后土、木公、金母八个帝后主像为中心，四周围以金童、玉女、天丁、力士、帝君、星宿、雷公、电母、仙侯、仙伯、左辅、右弼等，共计神像近 300 个。相互交错，排列五层之多，但井然有序。诸神或坐或立，或俯首朝拜，或左顾右盼；有的捧玉圭，有的执幡扇；一个个足踏祥云，头顶瑞气，一派“仙境”气息。主像在 3 米以上，其余 2 米有余，形象生动，表情不一。画面开阔壮丽，气势雄伟，构图严谨，刻画精细，既不雷同，又无杂乱之感。画法采用“重彩勾填”，施色多以石青、石绿为主，纯朴浑厚。长达数米的线条，流畅而刚健；衣冠和宝盖部分，大量运用沥粉贴金，使画面更加主次分明，绚烂精致。

由三清殿的神坛后出殿廊，沿甬道往北，就是纯阳殿。殿内供奉吕洞宾塑像，因他封为“纯阳帝君”，由此得名，又称混成殿，亦称吕祖殿。殿基月台凸起；殿面宽五间，进深三间，八架椽，单檐，九脊顶。开间自前向后逐间缩小，平面奇特。殿内仅用四根金柱，大梁跨越四向，空间异常宽阔，天花藻井雕工玲珑精巧，将梁架遮护，隐不可见。殿内四壁和扇面墙上都是壁画，内容为吕洞宾神化的故事，因名《纯阳帝君仙游显化图》。它从吕洞宾降生起，到弃学入道、得道成仙、普度众生、游戏人间等神话故事，共计 52 幅。构图严谨，前后连贯。各幅间用山水、云雾、树石等自然景色相隔，形成既断又连的连环画。画面中有亭台楼阁，酒肆茶馆、园林私塾，以及上流社会和下层社会的各色各样的人物，深刻反映出当时封建社会的情景。如平民百姓的梳洗、打扮、吃茶、煮饭、种田、捕鱼、砍柴；教师在私塾教书，医生上山采药；还有王公贵族、达官贵人在宫中的朝拜、相互间的答礼，鸣锣出巡；道士设坛，和尚念经等；以及当时的各种服饰、装束、器皿、设施等等。这些，为我们研究元代社会史提供了宝贵材料。

在纯阳殿后檐的明间两侧和门楣上，画有松树精、柳树精和八仙过海图。在后门的扇面墙背面，有一幅《钟、吕谈道图》，特别引人注目。画的是钟离权度吕洞宾入道的故事，俗称盘道。画面开阔，景色秀丽，山势曲折，流水潺潺。钟离权背松倚坐，袒胸畅谈道教；吕洞宾端坐在石上，仪态谦恭，静听教诲，同时凝神思考，手指还在不自然地捏弄，犹如初上学的小学生。师徒形态刻画恰如其分，活灵活现，显示出双方极深刻的内心世界。该画系元至正十八年（1358）名画家朱好古的门人张遵礼所作，是一幅珍贵的人物写生画。

从纯阳殿甬道往北，便是重阳殿，又名七真殿、袭明殿。因殿内供奉全真派创始人王喆（号“重阳”）及其七弟子（七“真人”），故名。殿阔五开间，六架椽，单檐，歇山顶。殿内只有四根金柱，分布于梢间；纵向用额枋承托，檐头靠斗拱承挑。梁架全部露明，梁枋断面不一，仍沿袭宋、金“革栿”的做法。四壁绘有王重阳的神话传说连环壁画。自降生到度化七真人成道，共49幅，与纯阳殿壁画同属一畴。题材特别丰富，所有宫室、官署、民居、都市、乡村、茶楼、酒馆和男女老少、官僚、地主及劳苦大众等，无不入画，形成一幅幅非常生动的社会风俗画。每幅壁画都有标题。这既是我们研究金、元道教发展史的重要资料，也是研究宋元社会的宝贵文物。

在扇面墙的背面，还有一幅诸神朝拜三清的壁画。主像太清、玉清、上清三天尊在上，诸神持笏板恭贺，侍女分立两旁。个个面形丰润，衣带飘扬。同样，表现了元代绘画的卓越成就。

从永乐宫可以看出元代道教的宫观布局是：主殿在前，主要建筑物都在一条中轴线上。它没有左右对称的配殿，也没有塔、钟楼、鼓楼、碑亭和幢亭等。大的宫观都类似皇宫建制，也是坐北朝南，主殿完全是宫殿式。这对明、清的道观建筑有很大的影响。

3 明代内地佛教的衰落与寺院建制

明太祖朱元璋少年时曾入皇觉寺为僧，因生活无法维持，才投身濠州（治所在今安徽凤阳县临淮镇）郭子兴领导的农民起义军。他了解宗教的底细，并从自身的体验中得知，佛教根本不能解除人们的疾苦。因此，他从称吴王时开始，就尊重儒家，向儒生求教。做皇帝以后，对佛教主要采取利用、限制的政策。故从明朝初年起，内地的贫苦农民投奔佛教寺院的较少，大多是投靠官吏和豪强。

洪武元年（1368），明太祖建立善世院，管理全国佛教事务。四年，便撤销了。当时社会还不安定，他怕僧侣们跟着残元势力闹事，次年，下令给僧度牒；征召全国有戒德的名僧到京城应天府（今江苏南京市），凡应对称旨者，都赐予金襕袈裟，并拔擢为官；又数建法会于蒋山（在今南京市城南），以安抚佛教僧侣。他疑忌诸将，而用这些僧官及其徒为耳目，进行监视。因此，这些和尚拥有很大的权力。他们十分专横，谗毁大臣，举朝莫敢抗言。明初许多大臣被杀，株连甚广，主谋自然是搞君主专制主义的明太祖，但与这些僧人告密、陷害也有关系。至洪武十四年（1381），李仕鲁被任命为大理寺卿，与给事中陈汶辉先后上奏，争言诸僧谗害诸臣，太祖不听。十五年，诸僧请为佛教系统设置各级僧官。于是置僧录司，设置左、右善世，左、右阐教，左、右讲经，觉义等官，皆高其品秩。据《明史·职官志三》记载：僧录司，设左、右善世二人，官正六品；左右阐教二人，官从六品；左、右讲经二人，正八品；左、右觉义二人，从八品。在府、州、县，分别设置僧纲司、僧正司、僧会司，分掌府、州、县的佛教与僧、尼事务。规定：僧官要选择精通佛经、戒行纯洁者担任；而分为禅、讲、教三等，均不给俸禄。太祖时，所度僧、道达数万人。

其时，李仕鲁上疏言：陛下方创业，凡意指所向，即示子孙万世法程，奈何舍圣学而崇异端乎！疏谏数十次都不听从，愤而辞官。太祖大怒，立刻命令武士把他打死在朝堂阶下。后来陈汶辉亦因数言得失忤旨，惧罪，投金水河而死。二人死后数年，太祖渐知诸僧所为多不法，二十四年（1391），始下诏清理佛教，重新加以限制。据《明史·职官志三》记载，这次清理佛教，限僧三年一度，给予度牒。各府、州、县，只许保留一所大寺，所有僧侣合并居之。僧尼道士的数目，一府不得超过40人，一州不得超过30人，一县不得超过20人。男子年龄非40岁以上，女子年龄非50岁以上的，不得出家。其目的是为了保证政府控有劳动力。这是对佛教的第一次限制，也是一次沉重的打击。

洪武二十八年（1395），太祖又下令天下僧尼赴京考试，通经典者才给牒，不通经典者还俗。因此又清洗掉了一大批僧、尼。这是对佛教的第二次限制，也是进一步打击。

此后，明朝诸帝基本上都遵循这个政策，只有明武宗采取过尊佛，那不过是昙花一现而已。因此，自宋、元以来盛极一时的佛教，便逐渐衰落下去，只有喇嘛教例外。

明恭闵帝时，根据虞谦的建议，进一步限制佛教的田产，规定每人无过 10 亩，其余均给贫民，未及全面推行，便被成祖推翻了。

明成祖朱棣在建文元年（1399）削藩之际，遭受谗害，面临死亡威胁之时，与高僧道衍密谋划策，发动“靖难之变”。因此夺取政权以后，对佛教采取比较温和的政策。为了报答道衍，成祖封之为太子少师。为了不违父训，乃复其俗姓姚，赐名广孝。又借恢复太祖旧制之名，废除建文时对佛寺的限田令，并为僧、尼兴建佛寺。永乐初年，他在南京敕建报恩寺，役囚达万人。迁都北京后，再没有下诏建寺，但每年供养的僧、道有万余人，日耗米百余石。成祖还亲自撰写《御制诸佛名歌》一卷、《普法界之曲》四卷、《神僧传》九卷，对佛教及名僧大加吹捧。但是，这主要是为了笼络佛教徒而采取的措施和官样文章，而在实际行动中，仍然是执行限制佛教的政策。例如：他没有令僧侣大办佛事，也没有让僧侣参与朝政，更没有让他们去监视大臣的行动。他设置东厂，改用宦官去刺探大臣、民隐和监军。明仁宗、明宣宗都是执行这个政策。

明英宗时，私人建寺渐多。按照规定，私人建寺，应当得到朝廷的批准，敕赐寺额。例如宦官王振以宅改建智化寺就是这样。但是多数并未得到朝廷批准。因此，正统六年（1441），英宗诏令新创之寺，只有曾赐额者，方听僧尼居住，并禁止今后私自建寺。这是对佛教暗中发展的新限制。后来，明代宗、明宪宗、明孝宗也都执行这个限制。

至明武宗，更改祖宗的法制，实行崇信佛、道，仅在正德二年（1507）五月，就度了僧、道4万人，其中大多数是僧、尼。五年六月，武宗自号为“大庆法王”。他爱好女色，建立豹房，招引淫僧喇嘛入内诲淫。他的继承者世宗崇奉道教，建佛寺者是私家，他没有下令官府建寺。

明穆宗、明神宗、明熹宗时期，私家扩建寺院和新建寺院者日益增多。至明庄烈帝，由于外有后金汗国的进攻，内有李自成、张献忠等领导的农民大起义，加之天灾，国穷民贫，私人修建寺院之事方才逐渐止息。

明代修缮、扩建的寺院多，新建的少，且多系私人所建，而属于官府建造的很少。明代的寺院建筑，在继承元代传统的基础上，经过创新，形成了自己的布局特点和风格。其大型寺院的布局是：最前面是山门，上挂寺名匾额；其后是天王殿，内供弥勒佛，两旁是四大天王，背后是护法神韦驮。天王殿之后，就是全殿的中心大雄宝殿。中供释迦牟尼及其著名弟子，以及药师琉璃光佛、阿弥陀佛等，大雄宝殿之后，有的还有供奉七世佛的后殿如观音阁、祖师殿等。中国的佛寺建制，至此成为定局。现存的明代寺院已经不多，现将几个较大、保存较完整的寺院介绍于下。

智化寺，位于北京东城区禄米仓东口路北，系司礼太监王振于正统八年（1443）新建。次年，英宗赐名为报恩智化寺。“土木堡之变”后，王振被满门抄斩。英宗复辟后，追念故旧，于天顺元年（1457）令在寺内为王振立“精忠祠”，塑像祭祀。万历和清康熙年间，曾两次大规模修缮。乾隆七年（1742），始毁掉王振塑像而完全成为佛寺。

该寺坐北朝南。主要建筑有山门、智化门、智化殿、如来殿、大悲堂，都位于一条中轴线上；在山门与智化门之间，东西有钟、鼓楼；在智化殿前的东西两侧，有大智殿、藏殿。整个智化寺用长方形的围墙围住，形成四个小院。智化门、智化殿、大智殿、藏殿、大悲堂，都是单檐歇山式，如来殿为两层楼阁。屋顶全用黑色琉璃瓦、黑色琉璃脊，兽铺砌，斗拱下面为红墙、红柱，斗拱横梁都有彩绘及佛像，显得庄严华贵。藏殿内有“转轮藏”一具，为木制八角形，下为汉白玉须弥座；藏橱上浮雕神仙、龙女及金翅鸟、狮子等鸟兽，构图严密，精巧绝伦。

如来殿为全寺的主体建筑，因内供如来佛而得名。楼上四壁有小型木制佛龛 9000 多个，故又名万佛阁。佛像至今保存完好。天顺六年（1462），英宗赐予藏经一部，经橱两座，也供藏于此。楼上四周有围廊，里面的天花藻井、门窗格心及彩画，都特别精美。藻井为斗八藻井，雕刻精致，整细贴金；井周围的边缘上，雕刻着小天空楼阁，楼阁下又有小佛龛。这些雕刻，将藻井衬托得非常美丽。这座藻井已在19世纪30年代为该寺和尚盗卖，现藏于美国纳尔逊博物馆。门窗格心采取将菱花逗成古老钱的轮廓，从而显得非常美丽精致。这是小木作品中最精美的雕作。

智化寺内建筑虽经多次修缮，可是梁架、斗拱，却没有更换过，依然保存了原状，尤其是内部结构、经橱、佛像、转轮藏及上面的雕刻，都保存了明代建筑的特征。它是北京城内比较完整的明代艺术建筑，有很高的艺术价值。

法海寺，位于北京市石景山区模式口村翠微山南麓，创建于明正统四年（1439），系太监李童集资，动用宫部营缮所的能工巧匠兴修的。明英宗赐名为法海禅寺。该寺虽经多次修缮，仍具有明代早期的建筑特点。

法海寺坐北向南，依翠微山势而建，迭层而上，气势轩昂。经过一座四柏一孔桥，始进入山门。山门内有护法金刚塑像，故亦称“护法金刚殿”。山门面阔三间，进深一间。澈上明造的内檐上，保存有明代早期的旋子彩画。山门之后，东、西两侧为钟鼓二楼；再后，两侧各有石碑一座，上刻寺记，碑身完好。登上三十级台阶，月台上是天王殿遗址及伽蓝、祖师二堂与两庑廊。往后，是全寺的主体建筑大雄宝殿，掩映在两株高约100米、粗6米的白皮松后面。大殿面阔五间，庑殿顶，黄琉璃瓦，金碧辉煌。殿内保存的明正统时名家壁画，画面严整，刻画精致，用笔着色恰当；既有我国壁画的传统，又有着与隋唐壁画不同的时代风格。所画的巨幅神像，一个个神采隽永，栩栩如生；其中三幅菩萨像，轻纱透体，如飞如流，尤为精湛。人物的眼、手都刻画得极为生动，如多闻天王的双眼，一高一低，形成眼神在转动流盼，表现出这位威震北方的天王正在深思熟虑。这些神像的手，不仅有肌肤的弹性和骨骼的变化、关节的转动，而且表达出了他们内在的情感。特别是其中的鬼子母，精神肃穆，表现出皈依佛教的虔诚。整个壁画虽有部分损脱，仍不失为明代壁画的艺术珍品。殿内的佛像很多，都很精细、生动，大多为明代制作。供桌、钟罄架等的形式和线条雕刻，都很精美，也是明代的遗物。

大雄宝殿之外，还有僧房、厨房等建筑。

广胜寺，位于山西省洪洞县东北 17 公里的霍山南面。上寺在山巅，是一组明代建筑；下寺在山麓，除前殿和钟、鼓楼外，均为元代建筑。上寺由山门、飞虹塔、弥陀殿、大雄宝殿、毗卢殿、观音殿、地藏殿及厢房、庑廊等建筑组成。山门及各大殿，都排列在一条中轴线上。厢房、庑廊则左右配称。山门阔三间，悬山顶，内有哼、哈二将塑像，左右对立，威武雄壮。山门以北，是一个不大的院落。在台阶上有垂花门一座，其北是一座玲珑宝塔，塔的平面为八角形，共 13 层，总高 47.31 米。塔身由下到上逐级收缩，各层塔檐几乎成一条直线，而形成一个锥体状。全部用砖砌就，外表镶饰着赤、橙、黄、绿、青、蓝、紫七种颜色的各种琉璃艺术品：屋宇、斗拱、角柱、莲瓣、神龛、佛像、菩萨、花卉、盘龙、鸟、兽等，制作精巧，彩绘鲜丽。整个宝塔富丽堂皇，光彩夺目，每逢晴空万里，阳光照射塔身，七色交相辉映，宛如雨后长虹，直飞天际。因此，人们又叫它飞虹塔。塔的底层建有围廊，全部用琉璃瓦覆盖。第二层的八面，嵌着琉璃凭栏和望栏。三至十层，各面砌有券龛、门洞和方心，内有佛像或菩萨、童子。塔内中空，有阶梯可攀登至十层。塔刹为金刚宝座形式，中间是一个大塔，四角各一个小塔，均为喇嘛塔式。五塔刹顶上，用铁链八条拉在顶脊上，以保持塔顶的稳定。由于塔身收分很大，上小下大，重心稳定，虽然经受了无数次大小地震，至今仍安然无恙，从而显示了此塔施工技术的高度水平。塔底层内部有释迦牟尼铜像，跏趺而坐。顶上有琉璃井，上面雕有勾栏、楼阁、盘龙、人物等，雕工细致。塔下门道右侧，镶有碑一块，刻着该塔建于正德十年（1515）至嘉靖六年（1527）完成的重建记事。

前殿在飞虹塔之北。因殿内供有弥陀佛，故又称弥陀殿。该殿系嘉靖十一年（1532）重修。面阔五间，进深四间，单檐，歇山顶。前后檐明间开门，四壁无窗。殿的平面为减柱造，只有明间前后四根金柱，柱础为覆盆式，满雕着草。屋上用六根大斜梁，减少两缝梁架，在结构上有独创性。殿内正面佛坛上供奉着铜铸弥陀佛和观音、大势至西方三圣像，两旁是侍立的二菩萨，均站在异兽背上。各像都姿态秀美，比例适当，均系元代的佳作。东壁及扇面墙上，满绘壁画，内容为三世佛及诸菩萨。在东西两侧的经橱木架上，原存放着金皇统年间（1141～1149）的平水板大藏经（即闻名中外的赵城藏），共7000多卷，是稀世的珍宝（今已移至北京图书馆）。

弥陀殿之后是大雄宝殿，为明景泰三年（1452）重建。因其位于正中，又称中殿。面阔五间，进深四间，六架椽，单檐，悬山顶。殿内佛龛三间，明间供释迦牟尼像，两次间供文殊、普贤二菩萨像，均为木雕；面目端庄，神态自若。龛前上下，分置盘龙、鸟兽、花卉、山水、人物、云雾和木雕图案，都非常精致。

大雄宝殿西侧有韦陀殿，宽三间，形制卑小，殿内东壁满绘着天神、长老等宗教故事，构图严谨，笔力流畅，是明代较好的壁画。

大雄宝殿之北是毗卢殿，一称后殿，系明弘治十年（1497）重建。面阔五间，进深四间，六架椽，单檐、庑殿顶。殿前有月台，比较低矮。后墙紧依山石。平面为减柱造，前檐明间装隔扇六页，四壁无窗，殿内光线不足，比较幽暗。正中神台上供奉着毗卢、阿闳、弥陀三佛，侍立的四尊菩萨，各立在狮象背上。两侧有木雕佛龛，龛内共有铁佛三十五尊；龛上又画有五十三尊佛。各像轮廓规矩，细部手法繁杂，系清初重绘。殿内后壁画有释迦牟尼和十二圆觉菩萨，笔力流畅，着色浑厚，系明德八年（1513）所作。前檐明间隔扇上，雕刻着图形相交的花纹，略似宋营造式中的“桃白毯文格眼”，是毗卢殿中的精品。

双林寺，位于山西平遥县城西南6公里处。始建于北魏早期。因平遥县境有中都故城，故取名中都寺。北齐武平二年（571）重修，后毁于战火。北宋时重建，改名双林寺。明代多次重修。现存建筑和塑像，多系明代遗物。

整个寺院位于一个3米高的台基上，四周围以高墙。坐北朝南，南墙有拱门，即山门。全寺规模宏大完整，分为两条轴线建筑和东、西两院。西为庙院，东为经房、禅院、僧舍。南北长123.7米，东西宽120米，约呈矩形；占地面积为14844平方米。庙院面积为7400平方米，有殿宇十座，前后共三个院落，都位于中轴线上，依次排列为：山门、天王殿、弥陀殿、大雄宝殿、佛母殿，两侧还有配殿和钟、鼓楼。山门之外，还有乐楼。

天王殿系明弘治十二年（1499）重修。面阔五间，前后廊檐下有四大金刚坐像，比例适度，威武雄壮。殿内有四天王、弥勒、八大菩萨，一字排列。个个端庄，气魄雄伟，表情各异。

前院东西配殿各为四间，南稍间隔成单间。左为观音殿、武圣殿，右为地藏殿、土地殿。观音殿内供奉观音和十八罗汉塑像，罗汉同人大小，或立或坐，或肥或瘦，或左顾右盼，或讲经论道，造型生动，刻画入微，传神达意，富于变化，是彩塑中的珍品。武圣殿内塑关羽及三国故事。地藏殿内供着地藏菩萨、十殿阎王、六曹判官及十八层地狱冥罚。个个狰狞，令人畏惧。土地殿内供土地神及侍者塑像，每个都很生动。前院正中是释迦殿，面阔五间。殿内的主像为释迦牟尼，慈祥端庄。四周墙上布满了各种雕塑，它是以连环画的形式，表达释迦牟尼一生的故事。整个雕塑，把人物与建筑、山石、流水、花木等自然景物，巧妙地连为一体；亭台楼阁，互为映衬。人物各具形态，生动而传情。雕塑之精妙，较壁画更富有立体感和真实感。

中院十分宽敞，中间的台基上是大雄宝殿，面宽五间，进深四间，歇山顶，雄伟庄严。内供三世佛、二弟子、金刚、胁侍等塑像。左侧是千佛殿，右侧是菩萨殿。两殿的墙壁上，有数以千计的彩色佛塑，上下有五六层之多，有如群仙聚会。整个彩塑构思巧妙，表现出佛国世界的宁静和佛教神秘的意境。塑像各个不同，生动巧妙。如观音菩萨面颊丰满，眉目清秀，体态自然，表情含蓄；韦驮姿势雄健，刚中见柔。在千佛殿内，塑像尤具匠心。特别是其中的 30 多尊供养人像，男女老幼，各富神态，刻画细致，富于生活气息，是我国雕塑中的精品。殿的四壁和廊下间壁及横披上，绘有各式各样的壁画，共计 100 多平方米，内容为“礼佛图”，有金刚、菩萨、善才童子五十三参等，人物形象生动，线条清晰，色彩明快，均为明代佳作。

后院有佛母殿，俗称娘娘殿。殿阔五间，单檐、歇山顶。殿内有娘娘塑像五尊、宫廷男女侍从十多尊。由于清代累次重装，艺术形象已经失去了明代彩塑的精美。

双林寺10座殿堂，原来共有彩塑2052尊，今保存完好的有1566尊。其中大者高丈余，小者仅尺许。或圆雕，或组雕，或浮雕，均栩栩如生；内容丰富，形式多变，是明代彩塑的杰作，为国内所少见。

塔院寺，在山西五台县台怀镇南侧，为五台山五大禅处之一。本是显通寺的塔院，万历年间建舍利塔时独立为寺，改用今名。寺前有木牌坊，宽三间，玲珑雅致，为明万历年间所筑。寺内的主要建筑有大雄宝殿、舍利塔、藏经阁；此外，周围有廊屋，东部有禅院，布局完整。该寺以居中的舍利塔为主体建筑，塔总高约60米，塔座为正方形，塔形为藏式。全部用糯米浆拌和石灰砌筑而成。塔身为白色。塔刹、露盘、宝珠皆为铜铸，塔腰及露盘四周各悬风铎，风吹来时叮当作响，极富古刹风趣。大雄宝殿和藏经阁，为元代所建。大雄宝殿供奉三世佛等；藏经阁有木制转轮藏二十层，各层满放藏经，供信徒礼拜与僧侣阅诵。在青山绿丛中，高耸的白塔格外醒目，人们把它作为五台山的标志。

殊像寺，在五台山台怀镇杨林街西南，为五台山五大禅处之一。因寺内供奉文殊像而得名。该寺始建于唐，元延祐年间重建，后毁于火，明成化二十三年（1487）重建。前面为山门、天王殿，两翼为庑廊、配殿，中为文殊院及钟、鼓楼，后面为禅堂、方丈室，僧舍、廊、厨俱备。文殊阁内塑像完成于弘治九年（1496），万历时曾局部修补。阁宽五间，进深四间，重檐、九脊顶，檐下斗栱密致，檐上三彩琉璃瓦剪边。

阁内佛坛宽大，文殊坐于象背，高约9米，背后为三世佛（药师、释迦、弥陀），两侧为五百罗汉。形象秀美，工艺精巧。

总的说来，明代的寺院基本上都是坐北向南，主要殿宇都是建筑在一条中轴线上，左右有钟楼、鼓、配殿、碑亭等，都绝对对称。其傍山者，除了主要殿宇按中轴线排列及左、右配殿外，一般都是依山势而建，从前往后，层层升高，以增加寺院的庄严雄伟和神秘的宗教气氛。宝塔早就不是寺院建筑部分，许多寺院另辟塔院，作为收藏高僧骨灰之所。

在明代，名山的寺院日益增多。主要有山西的五台山，浙江的普陀山，四川的峨眉山，安徽的九华山，被称为明代佛教四大名山。

4 明代道教的衰落与宫、观建制

道教在金、元时期分衍成许多宗派，各立教团，发展教义、教规，扩充斋醮科仪，十分活跃。但是到了明朝，便逆转趋衰了。这一方面是因为明太祖早年曾入寺为僧，深知宗教都是骗人的，于治国无用；另一方面是明太祖要正礼仪，以完成其君主至高无上的专制体制，而对道教采取了限制政策之故。

据《明史·张正常传》记载：洪武元年（1368），正常到南京入贺。太祖问："天有师乎？"正常不能答。太祖乃改授正常为"正一嗣教真人"，赐予银印，相当于二品官；其下设寮佐：赞教、掌书，定为制。接着，他又废除张正常统领江南道教的资格。建立玄教院，管理全国的道教事务。四年，废玄教院。五年，给道教度牒，禁止私度。五月，又以僧、道斋醮（即祭祀祈祷）时男女混杂，大吃大喝，令地方严治。这是对道教的第一次限制。

十一年，太祖建神乐观于郊祀西，设提点、知观，掌乐舞以备大祭，取消道教各派斋醮的特权。十五年，置道录司，掌管全国道教事务。《明史·职官志三》载云：道录司，其下设左、右正道下录一人，相当于正六品；左、右演法二人，从六品；左、右至灵二人，正八品；左、右玄义二人，从八品。神乐观，提点一人，正六品；知观一人，从八品。此外龙虎山正一真人一人，正二品，其下设置法官、赞教、掌书各二人；合皂山、三茅山，各置灵官一人，均正八品；太和山（今武当山）设提点一人，亦正六品。在各府、州、县，设僧纲、道纪等司，分掌府州县道教事务。道官均选精通道经，戒行端洁者担任，都不给俸禄。规定：内外道官的职责，是检查、约束全国道士、道姑的道行，违者从本司惩治；若犯与军民相干者，从地方官惩治。这是对道教的第二次限制。

二十四年，太祖下诏清理佛、道，限三年一度，给予很少的度牒。规定：凡各府州县的道观，都只留一所大的，诸道士并居。道士与僧尼，每府不得超过40人，每州不得超过30人，每县不得超过20人。男子非40岁以上，妇女非50岁以上，不准出家学道。二十八年，太祖又下诏，令全国道士道姑赴京师考试道经，及格者给予度牒；不通者勒令还俗。这两次先后淘汰了很多道士和道姑。

其后明朝各帝，除世宗外，都继续执行这个政策，由于这些限制，道教在明代较之元代更加衰落。

正一真人张宇初在恭闵帝时，曾因不法而被夺印诰，永乐初年始复。明成祖也利用道教。他访求著名道士张三丰不着，便派工部侍郎郭琏到太和山，为他修建遇真宫；修建的丁夫达30万人，费钱以百万计。迁都北京后，供养的道士达数千人。他在利用道教服务的同时，又对道士的不法行为进行严惩。规定：有兴造妖妄者，罪无赦。永乐十四年（1416），山西广灵县刘子进利用道教聚众作乱，十八年，山东蒲台县唐赛儿以幻术领导农民起义，都被成祖下令镇压下去。其后诸帝，对道教都是如此。

明英宗时，私人建造的道观渐多，正统六年（1441），英宗下诏：只有经过批准并有赐额的道观，才许道士、道姑居住；并规定：今后再不许私自创造道观。宪宗时，正一道真人张元吉凶顽，僭用皇家乘舆器服，擅易制书；夺良家子女，逼取人财物；家中私设监狱，被他杀死的前后共40人。成化五年（1469），上闻，宪宗大怒，将元吉捉拿至京，定为死缓，以其族人元庆继为真人。规定：今后有妄称“天师”印行符箓者，严惩不贷。元吉下入大牢后二年，免死，杖一百，发配到肃州（今甘肃酒泉市），旋免为庶民。孝宗时，道士李广以斋醮、烧炼金丹被宠。后来他贪污受贿，弘治十一年（1498），从其家搜得收受纳贿簿。孝宗怒，下令法司究治，最后处死。这说明，当时对道教及其道士、道姑的限制仍然是很严的。

明武宗崇佛、道，正德二年五月，一次下诏就度僧、道4万人。世宗好神仙，在位期间，大肆推行道教，兴建道观，大搞斋醮。嘉靖十五年（1536），他令道士邵元节总领全国道教及金箓醮事，又为他建真人府于京城西，改建禁中佛殿为慈庆、慈宁二道宫。十二月，又于贵溪县龙虎山中建仙源宫，作为邵元节回乡时的居住之所。

邵元节死后，明世宗又宠信道士陶仲文。陶仲文，湖广黄冈人，擅长符咒及房中术，因此深受世宗宠爱，被封为“忠孝秉一真人”，统领道教事务。寻加礼部尚书、少傅。时世宗不理朝政，不会见朝臣，潜心炼丹，妄想服药成仙，仲文成了唯一常见皇上的人。因此，朝臣及士大夫趋之若鹜，纷纷拜倒在他的门下。他有恃无恐，乘世宗求仙心切，在各处建坛设斋，大搞道教迷信。一时神仙、长生之说甚嚣尘上，朝廷内外乌烟瘴气。因此，这时道教有相当的发展。

世宗曾经先后自号“灵霄上清统雷元阳妙一飞元真君”，加“紫极仙翁”、“一阳真人”，又号“伏魔忠孝帝君”、“太上大罗天仙”、“总掌五雷大真人”、“玄都境万寿帝君”。他还修造了一些宫、观：嘉靖三十一年三月，他下诏修建太和山玄帝宫；三十九年十一月，他修道的万寿宫为大火烧毁，下令立即重建，于次年三月完工，该宫内有寿源、万春、太玄、仙禧诸殿，均极宏丽；这年六月，又以睿宗原庙柱生灵芝，下诏建玉芝宫。上行下效，道观的数量在各地不断增加。嘉靖四十五年（1566）二月，户部主事海瑞上书直言其错，世宗大怒，命捕瑞入锦衣狱。不久，世宗病死，明穆宗即位，方才获释。

世宗以后，穆宗、神宗、熹宗、庄烈帝均不信道教。因此，道教又重新走向衰落。

明代的道教建筑，最大的叫宫，次叫观，规模小者称道院，也有规模大而称为庙的。其时全真、正一两大教派，除有的宫观所祀的主要神祇略有不同外，在建筑布局上，一般无差别。都是前有山门、华表、幡杆，华表之外为俗界，华表之内为仙界。山门之内正中部分为中庭，有三大殿堂，也有多的，也有少的。殿堂内大多祀王灵官、四帅、四御（玉皇大帝、勾陈上宫天皇上帝、中天紫微北极大帝、后土皇祇）、三清（玉清境清微天元始天尊、上清境禹余天灵宝天尊、太清境大赤天道德天尊）。正殿两侧建有陪殿，祀一般的道教尊神，或设十方、云水客堂及执事房；中庭是宫、观建筑的主要部分。在中庭的两侧，又建有东道院、西道院，供奉一般诸神像，并建斋堂、寮房等。宫、观大多以红墙围绕，院内种植松柏、白果树及翠竹。殿堂、陪殿建筑为宫殿式，道院多为民居式的平房。中国道教宫、观建筑的发展，至此成为定制。

明代道教的宫、观建筑，现在保存下来的已经很少了。下面介绍几所较有代表性的，从中可以见其一斑。

大高玄殿，在今北京西城区景山前街，故宫神武门西北。始建于明嘉靖二十一年（1542），明万历和清雍正、乾隆、嘉庆年间及民国以来曾多次重修，是明、清两代皇家的道教宫观。崇奉道教的内官、宫婢，均在此演习教仪。清代因避圣祖玄烨之讳，文献中常写作“大高元殿”。该殿建筑面积约为1.3万平方米，坐北向南，南北呈长方形。自南而北，前面是两重绿琉璃瓦的仿木结构的券洞式三座门，门后为过厅式的大高玄门。门后是七开间的正殿——大高玄殿。该殿为重檐，庑殿顶，黄琉璃筒瓦。殿前有月台，两侧有配殿各五间。正殿之后是九天应元雷坛，面阔五间，东西配殿各九间。最后是象征天圆地方的两层楼阁：上名“乾元洞”，圆形，攒尖屋顶，蓝琉璃筒瓦，象征“天”；下名“坤贞宇”，方形，覆以黄琉璃筒瓦，象征“地”。整个建筑布局严谨，气势雄伟，精巧细致。

东岳庙，位于今北京朝阳门外大街，是道教正一派在华北的第一座大型道观。元至治二年（1322），由正一派大宗师张留孙及弟子吴金节首建。因奉祀东岳天齐仁圣帝，故名东岳仁圣宫。元末毁于兵火。明正统十二年（1447）重建。共两殿：前殿名“岱岳”，以奉东岳泰山之神；后殿名“育德”，俾作神寝。万历四年（1576）扩建。清康熙三十七年（1698），毁于火。两年后重建，乾隆二十六年（1761）复加修葺。前有牌楼，亦称棂星门。牌楼之后为山门殿，内供哼、哈二将。山门殿后为中庭，内有主殿，供东岳大帝像；

东、西两侧陪殿为地府七十二司；主殿之后为寝宫殿，供东岳大帝后妃像。东有喜神殿，西有太子殿。东道院有关帝殿、龙王殿、客堂及执事房，西道院有鲁班殿、阎王殿、月老殿等。现存殿宇虽为清代重建，但整个建筑仍保持着明代的格局。

玉虚观，在今北京市昌平县十三陵德胜口西的沟崖中峰，海拔 1500 米。建于崇祯八年（1635）。背靠陡崖，面临绝壁，山门紧临深涧，侧面有进观的石阶。现存殿阁三重，依山势而建，别具一格，颇为壮观。在观前北望燕山群峰，层峦叠嶂、云影斑斑，如临仙境。

玉皇阁，在今天津市旧城东北角。建于明宣德二年（1427）。明后期至清光绪年间曾四次重修，是今天津现存的主要道教建筑之一。该阁规模不大，仅有山门、配殿、六角亭和清虚阁等殿宇。清虚阁面阔五间，进深四间，分上下两层。上层檐下出回廊一周，可凭栏远眺。阁顶为九脊歇山顶，中间用黄琉璃瓦，边侧用绿琉璃瓦剪边。在红色的栋额上，绿衣仙子簇立，龙凤、走兽飞腾，栩栩如生，富丽堂皇。阁楼上原有玉皇铜像，不知何时亡佚。地临三岔河口，地域开阔，是重九登高的好地方。

吕翁祠，又称“黄粱梦”，在今河北邯郸市北 10 公里，大约建于宋代，系依唐代沈既济写的《枕中记》传奇而建。明嘉靖三十三年（1554）重修、扩建，面积 13000 多平方米。该祠坐北朝南，由西入祠门，西面是八仙楼阁，南面是照壁，上嵌“蓬莱仙境”四个大字，北面是丹房、蓬池，池中有桥，中央建有八角亭。再北，通至三大殿：前为钟离殿，钟、鼓楼分立于前面两侧；中为吕祖祠，前有拜殿，月台东西有配殿；后殿即卢生殿，左右有回廊，殿前有碑碣。殿内有卢生石雕卧像，相连有石床，系用整块青石雕成。床高 2 尺，长 5 尺，卢生卧于床上，头枕方形枕，两腿微曲，面目清秀，双目微闭，神态悠然，正在梦中。又有壁画，绘画内容为“黄粱梦”故事。

延庆观，在今河南开封市西南角。原名重阳观，奉祀道教全真教祖师王重阳。始建于金末，名重阳观，元初重修，改名朝元万寿宫。明洪武六年（1373）改建，更名延庆观。民国年间殿堂倒毁，仅存玉皇阁。此阁又名通明阁，嘉靖二十八年（1549）重修。阁坐北朝南，高 13 米，共三层，墙用青砖砌成。结构奇巧，造型古雅。底层外观呈四方形，南壁正中开门，下为石槛。两旁各有一个圆形铁窗，窗棂上铸有“嘉靖二十八年九月吉日”等文字。室内用甃砖砌筑，不见梁柱。中层八角，用碧色琉璃砖砌成“人”字形屋山，屋檐下用的是仿木结构的砖雕斗拱、椽飞、檐枋等，小巧玲珑，异常精美。顶为八角攒尖形，上覆琉璃瓦；并有铜质顶饰和垂链。南门上有琉璃砖雕成的盘龙匾，上书“玉皇阁”三个大字。北门内又刻有阳文行书“通明阁”匾额。阁内供有汉白玉雕玉皇大帝坐像一尊，左右各有一尊侍者像，都很优美。

太晖观，在今湖北江陵城西门外二里许。明洪武二十六年（1393）湘献王朱柏就宋元时的草殿遗址所建。时有主殿五座，偏殿及左右庑廊、天门、帏城齐备，规模宏大，殿宇轩昂。崇祯八年（1635）重修，顺治、康熙、乾隆年间也曾修缮。现存建筑有观桥、山门、三清殿、药王殿、观音殿、朝圣门、金殿等。山门为砖石结构，上有石匮，楷书“太晖观”三字，下施具有明代典型特征的须弥座。山门之后，依次为三清殿、药王殿、观音殿。观的后部是高台，其外壳用青石垒砌，高 8.2 米，有石阶三道。石阶的栏板上，雕刻着花草、禽兽和人物故事。高台上有朝圣门、钟鼓楼、金殿、帏城。金殿面阔进深各三间，长宽各 10 米，重檐迭脊，华拱画梁，顶覆铜瓦。每当骄阳映照，光曜夺目。前檐下浮雕石柱上，云绕龙盘，生动精致。四周密松茂柏，风物清丽。高台之后，清水一泓，碧波涟漪，沿岸垂柳成行，把金殿衬托得更加巍峨瑰丽。

遇真宫，在今湖北丹江口市武当山镇东武当山北麓。明初张三丰于此结庵修道，名“会仙馆”。明太祖、成祖先后召访，三丰避而不见。永乐十五年(1417)，在此建真仙殿、山门、廊庑、东西方丈、斋堂等，大小殿堂屋宇共 296 间，赐名“遇真宫”。现存主要建筑，从前至后有：琉璃八字山门、东西配殿、左右庑廊、斋堂、真仙殿等。院落宽敞，幽雅静穆。真仙殿为庑殿顶式，面阔进深均为三间。梁、枋、斗拱中的许多部件，尚保存着元代的营造手法；单檐飞展，彩栋朱墙，使整个大殿显得庄严肃穆。殿内供张三丰像：身着布袈裟，脚穿草履，形象生动，风姿飘逸。宫左有望仙台，右有黑虎洞，山环水绕，如天然城郭，故旧有黄土城之称。

紫霄宫，在今湖北均县武当山天柱峰东北展旗峰下，建于明永乐十一年（1413），是今武当山保存较完整的道教宫观。该宫坐北向南，从东天门开始，依次为龙虎殿、碑亭、十方堂、紫霄殿、父母殿。崇台层层，依山迭砌；殿堂楼宇，鳞次栉比。两侧为东宫、西宫，自成院落。紫霄殿是全宫的主体建筑，面阔五间，重檐九脊，翠瓦丹墙。在额枋、斗拱、天花板上，遍是彩画，藻井上浮雕着二龙戏珠，形态生动。整个殿宇飞金流碧，富丽堂皇。殿前平台宽阔，雕栏重绕，雄伟壮观。殿内供玉皇、真武、灵官诸神，或垂拱端坐，或勇武庄严，雕塑手法细腻，形象逼真。殿后父母殿，崇楼高举，秀雅俏丽。该宫背倚展旗峰，如幢幢巨旌，迎风招展；面对照壁，五老、三公诸峰，连峙入云。近旁有赐剑台、禹迹池、禹迹桥等遗迹。遍山松杉修竹、名花异草，相互掩映，使道院愈益平静。

在武当山至今保存较好的明代宫观，还有元和观、复真观、太和宫、金殿等。

祖师殿，在今湖南永顺县老司城东南 1 公里的山腰间，创造于后晋天福五年（940），明代重建。殿西向，临溪。主要建筑为正殿、后殿和玉皇阁。正殿面阔五间，进深四间，重檐，歇山顶。殿柱排列与一般殿堂不同，明间二缝用“减柱法”，去分心柱，扩大空间，以满足教仪活动的需要。此殿是土家族现存最早的古代建筑，对研究土家族地区的宗教文化很有价值。

龙泉观，在今云南昆明市北15公里龙泉山下。道观由两组建筑群组成：上观隐于绿阴深处。建于洪武二十七年（1394），清康熙、道光年间重修。现存建筑有北极殿、玉皇殿、三清殿等。层楼迭阁，殿宇壮观。下观依深水潭，故亦称黑龙宫。亦建于洪武二十七年，为三重院宇。绿树森森，古朴幽雅。观内有唐梅、宋柏、明山茶等古树名花；观外有浅、深两潭，潭水相通，而鱼不相往来，不知为何。

明代的道观建筑与布局，对于清代有很大的影响。可以说，清代完全是模仿明代。

六 清代的佛寺与道观建筑

 清代的佛寺建筑

清朝诸帝沿袭明朝的政策，对佛教采取限制。《清史稿·职官志二》记载：早在清太宗天聪六年（1632），就设立了僧录司，统领名寺僧、尼。规定只有熟悉经义、守清规的僧、尼，才给予度牒。进入中原以后，清顺治帝下诏停止纳银两给度牒的规定，但对佛教的限制依旧。仍以僧录司管理全国佛教事务。该司设正印官、副印官各一人，为正五品；左、右善世各一人，为正六品；阐教二人，为从六品；讲经二人，为正八品；觉义二人，为从八品。又分设各城僧协理一人。在地方，府置僧纲司，设都纲、副都纲各一人；州置僧正司，设僧正一人；县设僧会司，设僧会一人。这些僧官品位很低，俱未入流，然亦遴选通晓经义、恪守清规者充任。僧录司属礼部祠祭司。祠祭司的任务是管理僧、尼、道士，执掌禁令，有妖妄行为者，严惩不贷。

清朝统治者是以少数民族入主中原的，他们也需

要宗教来帮助维护其统治。为此，顺治帝也建了一些佛寺：白塔寺，位于京城太液池东北华琼岛（今北海琼岛）南端，顺治八年（1651）建。乾隆八年（1743年）重修，改名永安寺。德寿寺，在京城南苑旧衙门东，顺治十五年（1658）建，殿宇宏丽，规模相当大。娑罗寺，在山西五台县东北东台南麓，顺治八年建。清康熙帝改名旃林寺。

清康熙帝即位，继续执行顺治帝的政策。及三藩之乱起，康熙十三年（1674），他下令定僧录司员缺，及以次递补法，来健全该机构，加强对僧、尼的管理。康熙十六年（1677），进一步诏令僧录司稽查凡设教聚会，严定处分。于是，僧录司变成了清政府管理僧尼的机关。

平定三藩和消灭台湾的郑氏政权以后，康熙帝对佛教的限制有所放松，并开始大建佛寺。在京城新建的寺有：宏仁寺，在太液池西南岸（今北京图书馆内）。本明清馥殿，康熙五年（1666）改建。永慕寺，在南苑旧衙门西，康熙三十年（1691）建。圣缘寺，在静明园函云关北，康熙中建。在五台山有：台麓寺，在五台县东北东台之东射虎川上。康熙二十四年建。望海寺，在五台县东北东台望海峰上，创建于北魏，后毁，康熙二十一年重建。栖贤寺，在五台县东北东台西南栖贤谷，康熙中修建。普济寺，在五台县东北南台顶。宋建，后毁，康熙二十二年发帑重建。演教寺，在五台县东北中台顶。唐建，后毁，康熙二十二年拨款重建。广宗寺，在五台县东北灵鹫峰南半山麓。

明正德初建，后毁，康熙中拨款重建。涌泉寺，在五台县东北的北台与中台之间，康熙中重建。法雷寺、在五台县东北西台顶。始建于唐，后毁，康熙二十二年重建。灵应寺，在五台县东北的北台顶。明万历中建，后毁，康熙二十二年重建。白云寺，在五台县东北的北台外，旧名接待院。后毁，康熙中重建。碧山寺，在五台山台怀镇东北四里的北台山麓。本明普济寺，后毁，康熙三十七年重建，改名碧山寺。此外，他还建有万缘庵、妙德庵。

他在承德建筑避暑山庄（一名承德离宫或热河行宫）时，在其周围也修建了一些寺院：其中有溥仁寺，在避暑山庄东三里。康熙五十二年建。普善寺，在溥仁寺后，亦康熙五十二年建。开仁寺，在承德府城北，康熙五十四年建。穹览寺，在避暑山庄东南。康熙四十三年建。

清雍正帝不信佛，对佛教采取严厉限制。他一直不给度牒，又不准私度僧、尼。在位期间，只在京城新建了三寺：福佑寺，在西华门北街东，雍正元年（1723）建。觉生寺，在西直门外。雍正十一年建。恩佑寺，雍正元年建。在五台山北台东南，还建了一座杂花庵。

清乾隆帝即位后，才对宗教的限制开始松动。乾隆元年（1736），下诏酌复度牒。他又大肆修建佛寺，因此佛教又有较大较快的发展。他新建、重建的佛寺很多，修缮和扩建的不计其数。在京城，他新建的佛寺有：阐福寺，在太液池五龙亭。本孝庄皇后避暑处，乾隆十年改建为寺。仁寿寺，在太液池西南岸，宏仁寺东，乾隆二十五年建。恩慕寺，在畅春园东垣，乾隆四十二年建。大报恩延寿寺，在颐和园万寿山北，乾隆十六年建。香严寺，在静明园内山上，乾隆二十三年修建。妙喜寺，在静明园西门外，乾隆二十年修建。功德寺，在玉泉山东麓，本元大承天护圣寺，明宣德时改名功德寺，嘉靖时毁，乾隆三十五年重建。在承德避暑山庄周围修建的佛寺有：永佑寺，在避暑山庄内万树园旁，乾隆十六年建。同时修建的，还有碧峰寺、鹫云寺。普宁寺，在避暑山庄东北五里狮子沟。乾隆二十年建，以纪念平准噶尔。普乐寺，在避暑山庄东北二里许，乾隆三十一年建。殊像寺，在承德府东北。乾隆三十九年仿五台山殊像寺建，故名。广安寺，在承德府北，乾隆三十九年建。开仁寺，在府北，乾隆二十八年建。但这不过是佛教发展的回光返照而已。

在乾隆后期和嘉庆、道光时期，农民多利用佛教，特别是白莲教（混有佛教、明教、弥勒教等内容的非法宗教），组织起义，于是，清廷也就重新采取限制宗教的政策。佛教因此日趋衰落。

自鸦片战争起，资本主义列强大举入侵，掠夺中国的领土、主权和财富，欺压中国人民。于是，在全国各地掀起了反对侵略者和清政府的浪潮，救亡图存，一浪高过一浪。在这种情况下，佛教忍受现实生活中剥削、压迫和一切苦难的思想，生死轮回的说教，越来越不合世宜，引起各阶层的反感，真诚信奉的人愈来愈少，佛教因此进一步衰落下去。

清代的佛寺，大、中者称“寺”，小者称“庙”，尼居者称“庵”。其建筑，从布局、建制到艺术风格，都是继承明代的传统，只是更加规范化，规模更加扩大而已。大的寺院，基本上都是以南北为中轴线，自南往北，依次为山门、天王殿、大雄宝殿、法堂、藏经楼；山门与天王殿之间，左右有钟楼、鼓楼；大雄宝殿等两侧，有配殿和庑廊；配殿有伽蓝殿、祖师堂、观音殿、药师殿等，有的还有五百罗汉堂；寺的东院为僧房、库房、厨房、斋堂、茶堂（客厅）等；西院主要是云会堂（游僧客舍）、花园。整个寺由多个院落组成。

保存至今的清代寺院很多，列举几个典型如下：

觉生寺，在今北京市海淀区，北三环路北侧，建于清雍正十一年（1733）。因寺内有一口大钟，故俗称大钟寺。觉生寺建筑规模很大，由南往北，有山门、天王殿、正殿、后殿、藏经殿、大钟楼、配殿等。在清代，这里是皇帝祈雨、佛教徒做佛事和朝圣的场所。

寺内的大钟名华严钟，系明永乐初年铸造，原藏于德胜门内汉经厂，万历五年（1577）移至新建的西郊万寿寺中。清雍正十一年，万寿寺倒塌，又移于觉生寺钟楼内。此钟高 6.94 米，钟唇厚 22 厘米，外径为 3.3 米，重约 46.5 吨。钟身内外铸有 17 种佛教经咒（即《华严经》全部 81 卷）：外面是《诸佛如来菩萨尊者名号集经》、《弥陀经》和《十二因缘咒》，里面是《妙法莲华经》，钟口是《金刚般若经》，蒲牢处是《楞严经》。总计22.7万字。字形恭楷端正，古朴遒劲，相传出自明初大书法书家沈度的手笔。大钟系铜质，至密而坚固，没有一点气孔；铸造精致，采用的是我国优秀传统工艺——无膜铸造法。它体现了我国明代冶炼技术的高超水平。轻击，钟声圆润深沉；重击，则钟声浑厚洪亮，音波起伏，节奏明快幽雅。经科学测定：其声波振动频率最低为22赫，最高在860赫以上，主要频率在400赫以下。击钟时，尾音长达2分钟以上，钟声传送距离15～20公里。它是我国的一件无价宝，号称“钟王”。这口大钟至今保存完好，钟身没有半点损伤和生锈，文字仍清晰可辨，声音依旧浑厚绵长而有力。

在北京市，清代扩建的著名寺院，还有法源寺、潭柘寺、戒台寺等。在河北省，有隆兴寺、毗卢寺等。

五台山，在山西省五台县东北部，方圆250多公里，早在明代，它就是我国四大佛教名山之一。五台山内外，寺庙林立，风景秀丽。至今台内仍存有39座寺庙，台外存有8座。其中以台怀镇北侧的显通寺为最大。传说该寺创建于东汉，名大孚灵鹫寺。北魏孝文帝扩建时，因寺前有一座花园，改名花园寺。武则天时，又改称大华严寺。当时寺院规模很大，共12院。明太祖时重修，赐额“大显通寺”。永乐三年(1405)，于该寺设置僧纲司，统领五台山诸寺。万历年间，改名“护国圣光永明寺”。其后，寺僧分裂，塔院与真容院（今菩萨顶）自立门户，显通寺保有中部，只得向东开门。清代重修，始成今天的规模。清对“永明”一词心存忌讳，故复名“显通寺”。

显通寺至今仍是五台山最大的寺院。占地达8万多平方米，共有各种建筑物400余间。自前至后，位于中轴线上的，依次为水陆殿、菩萨殿、大佛殿、无量殿、千钵殿、铜殿、藏经殿，各具特点，无一雷同。在七殿左右两侧，有厢房、配殿、僧舍、厩库、禅堂、方丈院等，布局紧凑，整齐对称。

山门在中轴线的左侧，门前有大钟楼一座，雄伟壮丽，内悬明天启年间铸造的铜钟一口，重约万斤。敲击时，声震全山，悠扬悦耳。进山门后，见到的中轴线上的第一座建筑就是水陆殿。它是寺中举办水陆法会的场所。殿后左右各有碑亭一座，是康熙皇帝在该寺翻修后，御制的汉、满文石碑，是研究该寺历史的重要文物资料。

大佛殿雄伟高大，面宽七间，重檐，歇山顶。四周有环廊，转角处向内收缩，前檐雀替上雕有龙凤图案，形制壮丽，雕工精细。殿内供有释迦、弥陀、弥勒三尊大佛像和骑狮的文殊、驾象的普贤，以及十八罗汉像。

大佛殿之后是无量殿，因内供无量寿佛像而得名。该殿除门窗之外，完全不用任何木料。这座气度轩昂的无梁建筑，是我国古代砖瓦工程的杰作。殿面阔七间，进深四间，重檐，歇山顶。外檐砖刻斗拱、花卉，内雕藻井悬空，形似花盖宝顶，十分富丽。殿内两侧，席地而坐着五百铁罗汉，形态各异，法相庄重。

无量殿之后是铜殿，位于清凉妙高处。殿高 5 米，系明万历三十七年（1609）的杰作。从墙壁、门窗、柱子到瓦，全系紫铜铸造。四周用十几块隔扇门围起来，门扇上都铸有花草人物。虽然各不相同，但合起来，则浑然一体。文饰之美，工艺之精，令人惊叹。殿内四壁上，铸有小佛万尊，金光闪闪，故又名万佛殿。殿前原有万历三十四年（1606）所铸的铜塔五座，象征着五台山的五个台顶。现在，只剩两座了。这两座塔形状相同，均由楼阁、亭阁、覆钵体三种形式组合而成，各高八米，十三层。亭亭玉立，玲珑剔透。整个铜殿和两座铜塔，都是明代铜铸艺术中的佳作，精致秀美，巧夺天工。

该寺的最后，是一座三层的藏珍楼。楼内收藏有五台山历代文化艺术珍宝共 250 余件。其中有郑板桥、赵孟頫夫妇的画，乾隆皇帝的御书诗、匾，清代苏州和尚许德心用十二年时间写成的由一部六十余万字的《华严经》所组成的一座大佛塔，此塔画长 17 尺，宽 5 尺，塔身共七级，回栏曲槛，历历在目，斗拱华檐，形象俊美。那蝇头小楷，工整秀丽，前后如一。此外，还有大量的金、木、石、陶、雕塑等文物。

大云院，又名大云寺，位于今山西平顺县西北 23 公里的龙耳山中。始建于五代后晋天福三至五年（938～940），名仙岩院。至北宋建隆元年（960），已有殿堂 100 余间。太平兴国八年（983）三月，改名大云禅院。至明中叶，仅大佛殿巍然独存。后经成化、万历及清顺治、康熙年间多次恢复、扩建，始成今日该寺的规模。全寺有山门、天王殿、大佛殿及东西配殿、后殿等，除大佛殿为五代遗物外，其余均为清代以来所重建。

该寺背山面水，坐北向南，平面布置作长条形。最前面是山门，面宽三间，单檐，硬山顶。山门右侧另辟便门，上额楷书“大云禅院”四个大字。门内左右各有六间配房。正面的台基上，耸立着大佛殿，巍峨壮丽，冠于全寺。后殿位于最后，紧临山脚。山门外有七宝塔，通体用坚硬的青石雕造。原为七层，现只存五层，高约6米。

主体建筑大佛殿面宽三间（11.80米），进深三间（10.10米），平面近于方形。单檐、九脊歇山顶，上盖灰布筒板瓦。正脊为琉璃龙饰，四垂脊及戗脊皆用瓦条垒砌，殿四周均有檐柱，檐下斗拱疏朗高大，规制严紧。角柱升起，出檐深远，使檐部显得深厚而圆和。梁架所用驼峰，按其不同规格和形状，达八种之多，为它处所罕见。整个大殿，在外观上给人以宏伟安定的感觉。

殿内尚保存有五代时的壁画21平方米，东壁上绘的是“维摩变相”的佛教故事。其紫殿红楼，流云环绕，富有仙境色彩，维摩居士身躯前倾，侧倚于帷幔之中，表现出辩解时的激情。左边的文殊菩萨，与维摩对坐，相貌凝重，举止安详，显出泰然自若的神态。其后的香积菩萨、舍利佛、天王、神将、罗汉、侍从等，一个个都在静听他俩的辩论，在扇面墙的正面两侧，观音和大势至胸襟开敞，肌肉丰润，给人以慈祥和美感。其上有飞天回翔，姿态飘逸。四周有云气飞腾，表示是在佛国仙境。扇门墙背面画的是“西方净土变”。上有楼台殿阁，菩萨和供养人活动其间，又有八个伎乐天，广袖长裙，或翩翩起舞，或伴奏管弦，姿态优美生动。殿内的部分栱头、栱眼壁和栏额上，还保存有五代彩画，共计 11 平方米。图案各不相同，富于变化。它填补了我国五代时期建筑装饰艺术的空白，十分可贵。

七宝塔的下三层平面为八角形。第一层宝座装饰着莲花、狮子、麒麟、飞马等。第二层雕刻着伎乐人，体态轻盈，舞姿优美；伴奏者或吹或弹，栩栩如生。第三层转角处雕有蛟龙柱，回旋盘绕，活灵活现。塔檐下雕着飞凤、飞仙、共命鸟等，变化多姿。正面券门上，又有双龙戏珠。门侧，侍立着两位天王。后面，比丘半掩门扉。在两次间房内，则二力士分立左右。第四层，周匝垂帐，前后有假板门。第五层，上覆大圆盖宝珠顶。此塔设计精巧，雕刻细腻，是我国的名塔之一。

栖霞寺在今江苏南京东北约 22 公里的栖霞山中峰西麓，是我国的佛教圣地之一。始建于南朝齐永明元年（483），名“栖霞精舍”，后改为“栖霞寺”。唐高祖改建为功德寺，增建琳宫梵宇 49 所，楼阁崇宏，殿宇壮丽，是当时佛教“四大丛林”之一。唐高宗改名“隐君栖霞寺”。武宗会昌中被毁。宣宗大中五年（851）重建。南唐时复盛，改称妙因寺。宋代曾多次改名。明洪武二十五年（1392），复名栖霞寺。清咸丰年间毁于大火。光绪三十四年（1908），在该寺主持和尚宗仰、若舜的领导下，才逐渐修复。

该寺山门之外左侧有一碑亭，亭内有唐上元元年（674）所立的“明征君碑”。山门之内是弥勒殿。内供弥勒佛像，袒胸露腹，满脸堆笑。弥勒殿之后，便是毗卢宝殿。该殿气势宏伟，金碧辉煌。神台上的毗卢佛像身高5米，连同须弥宝座，达8.6米，威严雄壮，金光闪闪。两旁侍立着梵天帝释两菩萨。大殿两侧立着二十座诸天塑像。他们在听讲经，一个个点金着彩，造型美观。大佛背面是南海观音，肃立在鳌鱼之上，金童、玉女侍立左右。出毗卢殿，穿过方丈中门及法堂，沿石级而上，便是藏经楼。它位于全寺的最高处，内有一尊用整块汉白玉雕成的玉佛，据说来自缅甸。两侧有函匣72个，按千字文字序，分藏佛教的经、律、论。藏经楼两侧有曲廊相连，内设教规的戒坛、讲经堂和僧房。全寺建筑依傍山势，层垒而上，气势宏伟，庄严肃穆；龙墙围护，红阁高耸，飞檐凌空，是江南著名的古寺。

毗卢殿南，有一座著名的舍利塔。始建于隋文帝仁寿元年（601），初为木塔。今存的石塔，系五代南唐的遗物。塔东有一座依岩而凿的无量殿，俗称三圣殿，又名大佛阁，建于南齐永明二年（484）。殿后山崖上是著名的千佛岩。岩上下共五级，大佛达数丈，小佛仅尺余。或二三尊一龛，或五六尊一龛，密密麻麻，宛如蜂房。实际佛龛只有294个，佛像仅为515

尊。清咸丰年间遭到严重破坏，现佛像完整的已经很少了。

以上是清代的大寺。但是中小寺院的规模就小多了。中等的佛寺一般只有二至三个大殿、两个院；小的才一个大殿，几间房子而已。在清代，佛寺更进一步向山区发展，故俗语说："天下名山寺占多"。早在唐末五代时期，佛教就有了四大朝拜圣地，即五台山——文殊菩萨圣地，泗州普光寺——僧伽大圣圣地，终南山——三阶教圣地，凤翔法门寺——佛骨圣地。南宋时期佛教名山名寺有五，即杭州径山的兴圣万福寺，灵隐山的灵隐寺，南屏山的净慈寺，宁波天童山的景德寺，阿育王山的广利寺。到了明、清，代之而起的佛教四大名山为：山西的五台山、浙江的普陀山，四川的峨眉山，安徽的九华山，而五台山为四大名山之首。这四座名山，至今仍是佛教徒参拜的圣地。

2 清代佛寺中的主要佛像与僧尼的宗教生活

在清代的佛寺中，供奉的佛像有佛祖释迦牟尼。佛祖又被尊称为"大雄"，故其殿称为"大雄宝殿"。大寺一般是供三世佛，代表中、东、西三方空间世界。正中供娑婆世界教主释迦牟尼像，左侧供东方净土琉璃世界教主药师琉璃光佛像，右侧供西方净土极乐世界教主阿弥陀佛像。这三尊佛，又称"横三世佛"。有的大雄宝殿供奉的是代表过去、现在、未来的"竖三世佛”，即燃灯佛（或迦叶佛）、释迦牟尼佛、弥勒佛。个别的大雄宝殿有供奉四方四佛的，即东方香积世界的阿闳佛、南方欢喜世界的宝相佛、西方极乐世界的阿弥陀佛、北方莲花世界的微妙声佛。小寺只有一个殿，供养的主佛只有释迦牟尼。

其次的佛像是四大菩萨，即文殊菩萨、普贤菩萨、地藏菩萨、观音菩萨 。

又次是罗汉。唐代仅为十六罗汉，唐末发展为十八罗汉。后两罗汉说法不一，有的说是庆友和玄奘，有的说是迦叶和军徒钵叶，有的说是达摩多罗和布袋和尚，有的说是降龙和伏虎等等。宋代又发展为五百罗汉，即把迦叶在王舍城召集的第一次比丘集会者和迦腻色迦王在迦湿弥罗召集的第四次比丘集会的五百人，均尊为罗汉。到了清代，又发展为八百罗汉。朱彝尊说：“按佛书，诺俱那与其徒八百众居震旦（即中国），其中五百居天台，三百居雁宕。故梁克家《三山志》载怀安大中寺有八百罗汉像。”但清代的寺院中，一般是十八罗汉，个别寺院有“五百罗汉堂”，只有极个别寺有八百罗汉。此外，在五百罗汉堂里，还有济公，传说他是罗汉转世。

又次是“二十诸天”，即佛教的二十位护法神。他们是：大梵天王、帝释尊天、多闻天王、持国天王、增长天王、广目天王、金刚密迹、摩醯首罗、散脂大将、大辩才天、大功德天、韦驮天神、坚牢地神、菩提神树、鬼子母神、摩利支天、月宫天子、日宫天子、娑竭龙王、阎摩罗王。其中多闻天王、持国天王、增长天王、广目天王是四大金刚；韦驮是出家人和佛法的保护神；鬼子母神是送子娘娘、是妇女和儿童和保护神；阎摩罗王简称阎王，是阴间地狱之主。后来，又发展为十殿阎王，一直流传至今。

又次，为“天龙八部”神：“天众”，即天神；龙神，即主管兴云降雨之神；夜叉，即能噉鬼而勇健的护法神，有地夜叉、虚空夜叉、天夜叉三种；乾闼婆，即香神和乐神；阿修罗，容貌丑陋的护法神；迦楼罗，即金翅鸟，是除毒蛇之害、保护佛祖的护法神。紧那罗，即奏法乐的歌神；摩睺罗迦，即大蟒神。

最后是把守山门的哼、哈二将。在印度只有一位密迹金刚。传到中国以后，不合中国对称的传统习俗，于是又增加了一位，改为一左一右，对称地立于山门殿两侧。这两位神是哼、哈二将，即小说《封神演义》中的哼将郑伦，哈将陈奇，他们原本是商纣王的将领，后来战死，被姜子牙封为“镇守西释山门、宣布教化、保护法宝”的哼、哈二将。至今许多大寺的山门内，都塑有哼、哈二将像。

清雍正以前，出家为僧、尼要有官方颁发的度牒、戒牒，禁止私度；至乾隆时始废度牒，戒牒也改由传戒的寺院发给。凡是出家，都有一定的程序。按照佛教戒律规定，出家之前，先到寺院找一位和尚或尼姑，请他（或她）做自己的“依止师”。这位依止师向全寺的僧（或尼）众说明情由，广泛征求意见，取得认可后，便替他剃除须发，授予沙弥戒或沙弥尼戒。宣誓受戒后，给予戒牒，即成为佛门弟子。

佛教徒修行的方式，一是学习佛经，二是修习禅定（趺坐）或经行（在林间徘徊思索）。佛教传入中国初期，是弟子随师修行。后来人多了，改为集体修行，定有一定的规范。自宋以后，形成早晚课诵的制度。到了明、清时期，僧、尼早晚课诵趋于定型化、统一化，违者依例罚饿。具体地说，僧、尼的早课主要是念《大佛顶首楞严神咒》、《般若波罗蜜多心经》；晚课主要是念《佛说阿弥陀经》，为自己往生西方净土祈愿，再念《礼佛大忏悔文》来消除以往的宿业，悔不造未来的新愆。每天中午斋食时，他们还念《蒙山施食》仪文，一边念一边取出少许饭粒；到了晚间，一边念《蒙山施食》文一边吃，同时将饭粒施给饿鬼。

每到佛教的节日，大的寺院都要举行盛大的节日活动。佛教的节日活动多，其中重大的有佛诞节和自恣节，佛诞节（农历四月初八日）要举行盛大的浴佛法会，自恣日（农历七月十五日）要举行盂兰盆大会。每年举行一次水陆法会，时间最少是7天，多者达49天。水陆法事是由梁武帝的《慈悲道场忏法》和唐代密宗冥道无斋大斋相结合发展起来的，自宋代以后，成了超度亡魂的法会。此会一直延续至清。

3 清代的道观建筑

清代诸帝，既不崇信佛教，也不重视道教，而对两教采取限制。因此，本来势力就很弱小的道教便进

一步走向衰落。据《清史稿·职官志二》记载，早在天聪六年（1632），太宗皇太极就设置了道录司，管理道教事务。规定：凡熟悉道教经义并守道规者，才给度牒。许多道士道姑因此被淘汰。顺治二年（1645），清朝统治者进取中原地区，遭到包括宗教人士在内的广大汉人和南明政权的反抗，所以进一步停发度牒。八年，为了平息南明地区人民的反抗，顺治帝始召龙虎山正一教真人张应京到北京，封他为“正一嗣教大真人”，令他掌管全国的道教，相当三品官。其下设提点、提举。后恢复道录司，设正司一人，相当五品官；左、右正一各一人，相当六品官；演法二人，相当从六品官；至灵二人，相当八品官；至义二人，相当从八品官。又各城设道协理一人。法箓局设提举一人，副理二人，赞教四人，知事十八人。道官兼正一等衔，给予部札；协理给予司札。自提点以下，并由正一真人保举，上报礼部给札。在地方各级政区，亦设道官：府设道纪司，置都纪、副都纪各一人；州设道正司，置道正一人；县设道会司，置道会一人。这些道官，品位低下，均未入流。但是，所有道官均选通经义、恪守清规的道士充任。这些道官，各司朝廷禁令，有妖妄者，罪无赦。由此看来，当时清政府对道教，比明政府限制、管制更严。

康熙帝继续奉行顺治帝对道教的政策。康熙十三年（1674），正值三藩叛乱，他定道录司员缺及次递补法，以加强对道教的管制，以防三藩利用。十六年，又诏令道录司稽查设教、聚会，严定处分。于是，道录司及其下属机构成为清政府监管道士、道姑的机关。平定三藩和台湾以后，清廷对道教的限制、监视才逐渐放松，并开始修建道观。

康熙帝修的道观，在京城有：白云观，在广安门外滨河路，明末毁于火，康熙四十五年重建。慈育院，在京城西20公里，康熙四十一年建。在承德避暑山庄有：水月庵、斗姥阁，江西贵溪县龙虎山有太上清宫，创建于唐，康熙五十六年重修。

雍正帝为人严酷，但对祭祀很重视。他主张儒、佛、道"三教合一"，"以佛治心，以道治身，以儒治世"。但是，他没有放松对道教的限制，也没有修建什么道观。

乾隆帝即位后，以久不给度牒，僧、道均已老化，乾隆元年（1736），乃"酌复度牒"，并授龙虎山正一真人张遇隆为光禄大夫，妙正真人娄近垣为通政大夫。五年，张遇隆亲至京城庆祝万寿。鸿胪寺卿梅谷成奏言："道流卑贱，不宜滥厕朝班。"乾隆帝于是停其朝觐宴例。十七年，降正一真人张昭麟为正五品官，今后不许授例请封。从此，正一派的地位一落千丈，不再是道教的领袖了。三十一年，以法箓局法官品秩较崇，乃升正一真人张存义为正三品官，但这并未改变正一道下降的形势。

乾隆帝及其以后诸帝均不信道教，故全真道也日趋衰落。清末，该派道士、白云观方丈高仁峒，通过奉信道教的太监诚信（自称素云道人）而与清宫廷建立了密切关系，颇得慈禧太后的宠信。他同国际间谍卦科第也有交情。虽然他善于交结权贵，并参与政治活动，但是他对道教既无革新建树，又无著述，因此没能阻止全真道的继续下滑。

在清代，一般是规模大的、内供天尊、天帝神像，并有皇帝敕额命名的道教建筑物，称为宫或观，也有称为庙的，如上海的城隍庙，北京的东岳庙，河南嵩山的中岳庙等；规模较小，里面没有供天尊、天帝神像，也没有皇帝赐名的道教建筑物，大都称为道院。其建筑布局，基本上与明代相同，大殿、陪殿均为宫殿式，其余为民居式的平房。清代的道教虽然分为正乙、全真两大派，但除了个别宫观所供祀的主要神像不同以外，其建筑布局一般无差别。

清代的道观，保存至今的还不少。其中有北京的白云观，它是全真派的圣地，为北方第一大道观，也是明清以来的北方道教中心。该观创建于元，后毁于火。明洪武二十七年（1394）重建，明末又毁于火。清康熙四十五年（1706）再建。其后多次修缮，一直保存至今。全观的主体殿堂都建筑在一条中轴线上，它的前面是棂星门和影壁，门内有东西华表、石狮，其后是山门，门内便是中庭部分，前为东西幡杆、灵官殿及陪房，东房为十方堂，西房为云水堂；其后为钟楼、鼓楼、玉皇殿及陪殿，东陪殿为儒仙殿，西陪殿为三丰殿；之后为老律堂（一名七真殿），其东、西陪殿为十八宗师殿；又后，为丘祖殿，殿内有明代所塑的丘处机的泥像，下面埋着他的遗骨；最后，是四御殿，楼上是三清阁，四御殿东是方丈室，西为监院室，三清阁东西两侧为藏经楼，内有明英宗所赐的正统年间刊刻的《道藏》一部，共5350卷，是极其珍贵的道教文献。在中庭之东的东院名抱元道院，内有火神殿、华陀殿、南极殿、罗公塔、斋堂等；西院名会仙道院，内有吕祖宫、元君殿、甲子殿、祠堂。观的后面是云集园，或称小蓬莱，内有戒台、演戒堂、云集山房、退居楼。整个白云观都有红墙围绕。

无量观，在今辽宁省鞍山市千山东北部，是千山最大的道观，系清康熙六年（1667）由开山道士刘太琳主持修建。嘉庆、道光、同治及民国时期，相继修缮和扩建。旧有上、下两院，上院即今无量观，下院为玄真观，已毁。无量观由三官殿、老君殿、西阁、玉皇阁等建筑组成，这些建筑系因山势而建，殿堂与塔、碑、石、树相间，形成殿堂建筑与自然风光结合、交相辉映的格局。各殿、阁均为单檐硬山式建筑，除玉皇阁为砖石结构外，其余都是砖木结构。梁枋上都有彩绘装饰，下有透雕燕尾。

三官殿是无量观的正殿，因殿内供有上元赐福天官尧、中元赦罪地官舜、下元解厄水官禹的塑像而得名。大殿两侧是厢房，前后是角门。大殿门外有涂朱红色的石柱十余根，梁上贴金，顶脊雕有六条呈盘旋状的龙，檐头有泥塑的各种跑兽。殿内供奉的塑像共二十六尊：在三官像前方，是护法王灵官和护坛土地；东侧是八仙过海像，各显神通，姿态各异，形象生动；西侧是瑶池金母（即王母娘娘）等，金母骑犼，腾云行空，神态安详。在左、右两侧墙上，有尧访舜、禹治水两幅壁画。在聚仙台周围，有三座宝塔，其中八仙塔建于康熙年间，六角，十一级，高 13 米，用砖砌成，上有八仙浮雕；祖师塔，即刘太琳墓塔，亦建于康熙年间，用花岗石砌成，高 3 米，三级，呈六棱圆尖形；葛公塔，即葛月潭墓塔，建于民国时，系用花岗石建成，六角、七级，高 9.75 米，在塔身镶嵌的汉白玉石板上，刻有葛氏所绘的兰草、竹及“海为龙世界，天是鹤家乡”的题字。在观南的山头上，有一座玲珑塔，相传建于唐代，亦用花岗岩建成，六角形，十三级，高 12.3 米。

老君殿在三官殿之东的山坡上，殿门的匾额上刻有“道教之家”四字。殿内供奉着太上老君道德天尊、玉宸道君灵宝天尊、玉清自然元始天尊塑像。两侧墙上有老君过函谷关、孔子问礼于老子的壁画。

玉皇阁位于北山顶上，是全观最高的建筑。原为唐代驻兵的指挥所，后改为宫观。内供玉皇大帝塑像。右侧有小小的伴云庵。

西阁是全观最优美的建筑，位于观右的半山腰上，依岩而建，夹于层林之中，以幽静见称。内供观音菩萨、子孙娘娘（管生育之神）、眼光娘娘（专治眼病之神）的塑像。在墙壁上，有观音救八难、天女散花、麻姑献寿桃等壁画。

又西有罗汉洞，洞外石壁上题有“释道同源”。洞内正中原供真武大帝塑像，两侧是十八罗汉，表示道教为主，佛教为次。

西山万寿宫，在今江西新建县西山之麓。原为宋

"宝隆万寿宫"，元末殿宇全部毁于战火。明初于原址上重建正殿，后又扩建三清殿、三官殿及万寿宫门等建筑。明武宗题额为"妙济万寿宫"。万历十年（1582）又进行扩建。至清乾隆四年（1739），才基本恢复旧观。可是在咸丰十一年（1861）又被焚毁。同治六年（1867）再次大规模重建，不仅恢复了从前的所有殿堂，而且增建了仙衢、道岸两坊。光绪年间又加扩建。抗日战争时期大部建筑被毁，新中国成立后仅存正殿。近年来又才续加修建。

今新建的西山万寿宫建筑格局，基本上是清同治、光绪年间（1862～1908）奠定的。全部建筑以万寿宫为中心，形成由正殿、关帝殿等六大殿和十二小殿，以及云会堂、许大祠、偶来松下、逍遥静庐等组成的庞大建筑群。整个建筑金碧辉煌，气势雄伟。

许大祠内的许逊像和关帝殿内的关公、关平、周仓等神像，都栩栩如生，宫内墙上的壁画千姿百态，令人赏心悦目。抗日战争时期，宫宇及周围的林木惨遭日寇的破坏，内部的珍贵文物被洗劫一空。院内有三株晋柏，至今仍然苍劲青葱。宫前的铁柱古井，上有八角护栏，传说"真君锁孽龙于井底"。至今此井仍保存完好，井水澄碧。

在清代，该宫不仅殿宇隆美，而且香火兴盛，四方来朝谒、旅游者如云。

上清宫，在今江西贵溪县上清镇东端。原名传箓坛，系西晋永嘉年间天师张盛自汉中迁居龙虎山后所建，为历代张天师从事道教活动、传授弟子的地方，也是正一教派的中心。唐改建为上清宫。后经宋、元、明、清各代修建，规模不断扩大。现存殿宇为清代所建。据光绪十六年（1890）《留侯天师世家宗谱》记载：宫前有牌坊，坊北有东、西幡杆，中间是一条巨石铺的大路。山门的东西是红色的围墙，过此是中庭。里面是龙虎殿，殿上有楼，重檐、红柱，周围有红栏杆，檐间悬挂着康熙帝御书的“太上清宫”匾额。楼的中部供着真武帝君神像，东西两侧供着灵官、元坛神像。大殿之后，院内长满高大的乔木。逶迤三折而北，至下马亭，过亭而北，为棂星门，此门由石开凿，中有红栏杆。再往北，为龙虎门。门作东西向，内供雷部六神。门南，有东西碑亭各一。亭南为钟、鼓楼。又东、西角各有一门，门北为甬道，又北有白石台阶三重，亦有红栏杆。其北为玉皇殿；又北，为后土殿；再北，为三清阁。阁中祀九宸，东、西供三十六雷神。玉皇殿的东、西配殿为三官殿、三省殿（旧为玄坛、文昌殿）。后土殿的东、西配殿名五岳殿、四渎殿（旧为三官殿、四圣殿）。三清阁的东配殿名文昌殿，又东名天皇殿（旧为雷祖殿），西配殿名关圣殿，又西名紫微殿。以上各殿，都是红色的墙壁和红色的大门，金铺铜沓，重檐丹柱，金碧的藻井上饰以云、龙。三清阁顶，盖的是绿琉璃瓦。

又龙虎殿北有斗姆宫，中供斗姆像，东西有随从神像四座。龙虎殿南有五间前殿，前供真武神像，左右有随从神像四座；后为五灵官铜像。又有东、西配殿各三间，东祀太岁神（即值年神），西祀送子娘娘。

龙虎门东侧向北，有提点司衙署及仓房、醮坛、厨房、食堂；其西为虚靖祠及其祖张天师的石刻像。

在龙虎门东面，建有道院八所，即三华、东隐、仙隐、崇元、太素、十华、郁和、清和诸院；西面有道院十六所，即崇禧、崇清、繁禧、达观、明远、洞观、栖真、混成、紫中、清富、凤栖、高深、精思、真庆、玉华、迎华诸院。东西共二十四院，如星罗棋布。每院有门屋一所，正厅三间，左右丹房四间，后楼三间，左右耳房各一间；各院都围有短墙，道官就住在院内。

贵溪县的上清宫，是明、清时期规模最大的道宫，是南方道教的中心。随着道教的衰落，风雨的剥蚀及火灾和战乱，这座规模庞大的道教建筑，至新中国成立前已经残破不堪，如今基本上已是一片废墟，仅剩福地门、九曲巷、下马亭、午朝门、钟楼、龙虎仙峰、玉门殿、东稳院及元、明石刻了。

上清镇有天师府，也创建于晋永嘉年间。后经各朝维修、扩建，有房舍500余间，占地达5万多平方米。府院建筑分为头门、二门、三门、前厅、正厅及天师住房、养生殿等。楼房殿阁形似皇宫，龙柱金壁，雕梁画栋。现已改为上清师范学校。上清宫西北龙虎山原有龙虎观，是正一派的重要宫观，今仅剩残垣断壁。

中岳庙，在今河南登封太室山南麓黄盖峰下，坐北向南，背依黄盖峰，面对玉案山。始建于唐开元年间，宋、金、元时曾多次增建。元末毁于战火，庙宇仅剩百余间。明、清重修。今庙内的布局，系清乾隆时以北京故宫为蓝本重修，面积共10余万平方米。自中华门起，沿中轴线而北，有遥参亭、天中阁、配天作镇坊、崇圣门、化三门、峻极门、嵩高峻极坊、中岳大殿、寝殿和御书楼，加上左右建筑物，纵深为650米。在中华门前，还有一条通往太室阙的500米长的甬道。现存殿、阁、宫、亭、楼、台等400余间，是河南省最大的道观。

中华门原是一座木结构的牌楼，称为“名山第一坊”。1942年改建成砖瓦结构的庑殿式牌坊，更名为中华门。门内是民国年间改建的八角重檐“遥参亭”。又北，为天中阁，原名黄中楼，本是明清中岳庙的正门，门额上书有“中岳庙”三个大字。此门系清代重建时仿北京天安门式样建造。门前月台上有一对石狮。台基高约7米，阁下为三个门洞，阁上建有面阔三间、进深一间的重檐歇山顶的楼阁，上盖绿色琉璃瓦，周筑女儿墙。其后是木结构的配天作镇坊，因中岳为土地神，故以地配天。该坊为四柱三楼式的牌坊，正楼上额有“配天作镇”四字，其左、右有六角亭各一，系民国年间重建。此坊之后，是崇圣门。东、西两侧立有宋代王曾、卢多逊、骆文尉和金代黄久约撰写的“四状元碑”，这是记载宋金时期中岳庙修建情况的重要文物。东北有古神库，四角各有一个北宋治平元年（1064）所铸的铁人。

崇圣门之后是化三门。化三门之后是峻极门；因其中门两侧塑有将军像，故又名将军门，这是中心院的大门，系乾隆年间修建。该门为五开间，单檐，歇山顶，绿色琉璃瓦。里面的斗拱、梁枋上，均饰有彩画。中间左右开有掖门。峻极门前的甬道两侧，各有两座殿基，原为东、南、西、北四岳殿，或称风雨云雷四殿。门前有一对金正大二年（1225）铸的铁狮子，各重800斤。附近还有北魏、唐、北宋、金、元的石碑。峻极门之后是嵩高峻极坊，又称迎神门。这是一座四柱三楼式的木牌坊，为清代所建。其后为一个10米见方的大平台，原名“填台”。台的左右，各有一座八角重檐的乾隆御碑亭。正中是中岳大殿，亦名峻极殿。它位于全庙的中心，是清代仿照故宫太和殿的式样建造的。大殿面阔九间，进深五间，重檐庑殿顶，黄色琉璃瓦、红墙。整个建筑高20余米，占地920平方米。清初中门檐下悬有宋人颜体写的“峻极殿”匾额，现在殿内神厨上有康熙御笔“嵩高峻极”横匾。神龛内供奉着中岳大帝神像，高15尺；左右两侧，侍立着二神像，高17尺，是嵩山中最大的泥塑。殿后门内有“☵”字碑，此为八卦中的“坎”字，属水象，意为用水克火，镇山中的火灾。

大殿之后是寝殿，即中岳大帝与帝后的寝所。面阔七间，单檐，歇山顶。内部藻井明间绘有“腾龙”，暗间绘有“翔凤”，意喻帝龙后凤，龙凤呈祥。殿内原有帝、后泥塑坐像、中岳大帝檀木睡像。今已毁没。

寝殿之后是御书楼。始建于明万历年间，名黄箓殿，为钦赐《道藏》经函的贮所。明末为战火所毁。清代重建，改称“御书楼”。面阔十一间，二层，重檐，歇山顶。内有清代各帝的祭文石刻，两侧有十间顺山房，里面存放着历代皇帝祭祀中岳的碑碣。

在中轴线两侧，清代原建有六宫，东侧为行宫、神州宫、小楼宫，西侧为太尉宫、火神宫、祖师宫。今皆被毁，仅见极少数遗址。

青羊宫，在今四川成都市通惠门外、百花潭北岸。古称玄中观，唐传说老子牵青羊过此，唐末僖宗改为青羊宫。明末毁于兵火，现存殿宇建于清代。坐北向南，主要建筑有灵祖楼、混元殿、八卦亭、三清殿、玉皇阁（斗姥殿）、降生台、说法台、唐王殿（紫金台）等，都排列在一条由南往北的中轴线上，由低处向南处延伸。其中最具特色的是八卦亭、三清殿。八卦亭始建年代不详，重建于同治、光绪年间。亭基为四方形，每边长 15 米，亭身呈圆形，象征古代天圆地方之说。八根石柱上镂雕着盘龙，刻技精巧，流畅生动。亭身四周有格门花窗，藻井八方饰八卦图案；上为重檐，八角攒尖顶，黄绿琉璃瓦。气势浑重，富丽雅致。三清殿，又名无极殿，建于康熙七年（1668），光绪元年（1875）重建。面阔五间（35 米），进深五间（30 米），青瓦顶。殿前的石砌平台上，原存放有明代铁鼎一个，花瓶两个，烛台一对。殿内供奉着贴金泥塑玉清、上清、太清三尊坐像，左右各六尊金仙。殿中有铜羊一对，长 90 厘米，高 60 厘米，俗称青羊。造型美观，色如赤金，闪闪发光。其中一只为单角，本“藏梅阁珍玩”，雍正元年九月十五日自京城移于青羊宫，以补老子遗迹。此铜羊为十二属相的化身：鼠耳、牛鼻、虎爪、兔背、龙角、蛇尾、马嘴、羊须、猴颈、鸡眼、狗腹、猪臀。另一只双角铜羊，是道光九年（1829）由云南匠师陈文炳、顾体仁铸造。这对铜羊是罕见的道教文物。

天师洞，在今四川都江堰市青城山腰第三混元顶峭壁间。始建于隋大业年间，时名延庆观。唐改常道观。宋又改昭庆观，亦称黄帝祠，现存殿宇重建于清末。主要殿宇有三清殿、黄帝祠、三皇殿等。建筑雄浑庄严，金碧交辉。三清殿是此观中最大的建筑，内供三清塑像。三皇殿内供伏羲、神农、轩辕黄帝三尊石像，均高 90 厘米，系唐开元十一年（723）雕造。观后岩洞内，有张道陵天师的石刻像，洞右塑有三十代天师张继先的塑像。此即常道观称天师洞的由来。

青城山著名的道观还有上清宫、建福宫，亦为清代重建。但保存的建筑不如天师洞多。

因丰都观内有“阴曹地府”，所以俗称丰都鬼城。位于丰都县城东北的名山（原名平都山）上。这里山清水秀，景色绚丽、为道书七十二福地之一。据晋人葛洪《神仙传》记载：东汉时，有阴长生学仙炼丹，后来在此仙化。东汉末，又有王方平在此修道，魏青龙初（233），亦得道仙去。后人受佛教的阴曹地府和十八层地狱之说，以及地藏菩萨管地狱等影响，误将二人传为“阴王”、“阎罗天子”，因而名山也就成了阎罗天子的都城了。

该观的第一座建筑始建于唐玄宗时，因系按阴、王二人成仙的故事，故名仙都观。其地在今天子殿。唐文宗太和七年（833），西川节度使段文昌爱其溪环三面，古树千株，早晚变化万状，灵光彩云；临此有凌虚之感。于是捐薪俸、集民资，又于山顶修建凌虚阁（今二仙楼），内塑二仙对棋及渔翁观棋的故事。至宋，改名景德观，后又改白鹤观。有《访仙》诗云："孟兰清晓过平都，天下名山总不如。两口单行谁解识，王阴空使马蹄虚。"神宗元丰二年（1079），苏轼在《题仙都观》诗中写道："足蹑平都古洞天，此身不觉到云间，抬眸四顾乾坤阔，日月星辰任我攀。"又"平都天下古名山，自信山中岁月闲，午梦任随鸠唤觉，早朝又听鹿催班。"可见这时尚未建"阴曹地府"。直到清代编修《嘉庆重修一统志》时，仍无"鬼城"或"阴曹地府"之说。

此后，人们根据"阴王"居住在平都山的误传，又按《西游记》、《南游记》、《聊斋志异》、《钟馗传》等小说中的有关故事，来建造阴曹地府，来宣传"人死来丰都，恶鬼下地狱"。于是丰都"鬼城"之名，才流传于国内外。

阴曹地府的主殿阎罗天子殿，是一座飞檐斗拱，圆木承重，大梁抬空，结构巧妙，造型美观的宫殿式建筑。其内部是按照上述各小说中的描绘和人世间的有关诉讼、审判、酷刑等精心设计，巧妙进行制作的。这座"阴曹地府"里面，塑有大小神像、鬼卒 130 多尊。其中阎罗天子威严肃穆、端坐于殿上，高达 6 米；其旁天子娘娘眉目清秀，端庄安详，凤冠霞帔，宛然如生。六曹官员、四大判官、十大阴帅，均威武雄壮，站立在两厢。在生死轮回的十八层地狱中，有左手拿薄，右手执笔，掌管人间生死的判官，有执行判官命令，手提铁链，前往阳间追魂的无常；有手拿钢叉的牛头、马面鬼卒，有手持狼牙棒的日夜巡游神。在东、西两个地狱中，那些在阳世的贪官、污吏、作恶多端的恶霸、强盗等鬼魂，正在受着各种刑罚；有的在用锯子锯，有的在用磨石磨，有的在下油锅，或被钢叉叉、铜锤打，或被挖眼、割舌，或被挖心肝，或被剥皮抽筋，或被抛上刀山，或被丢进火海，一个个鬼哭狼嚎，痛苦万分，令人毛骨悚然。受罪的还有饿死鬼、各种各样的病鬼，掉在奈河桥下和血河池中的各种鬼魂。这些鬼像个个逼真，整个地狱，犹如封建时代的严刑酷罚情景一样。清代诗人张船山在《丰都山》诗中写道："死人大笑生人哭，浪指丰都作地狱。凿山起殿山为宿，殿中沉沉暗如椟。人来惊拜僧灭烛，阎罗怖人悍双目。鬼卒狰狞头有角，长枷大杻堆成屋。锯声喳喳火光爆，刀锯鼎镬恣烹剥。推扬磨转碓可筑，毒蛇满河方食肉。雪山晶莹差不俗，踏凌一滑冰穿腹。男跃女跪婴儿哭，照眼骷髅千万来。九洲茫茫人鬼畜，一山收支无不足。"

此外，该山还有许多建筑物，如报恩殿、大雄殿、玉皇殿、百子殿、上关殿，以及星辰礅、三十三步天梯等。这些，由于历经年久，人为的和自然的破坏，几乎全部倾毁。近年大力修复和扩建，把旧的十八层改为现代声光的十八层地狱。

在介绍的上述宫观中，最能代表清代道教建筑的是北京的白云观和江西的上清宫。但是一般的道观、道院都很小，最小的仅大殿一座，房屋数间。

4 清代道观中的诸神与道士的宗教生活

至明清，道书谓在诸名山中，有仙人统治的十大洞天、三十六小洞天，有真人统治的七十二福地。这十大洞天是：王屋山洞、委羽山洞、西城山洞、西玄山洞、青城山洞、赤城山洞、罗浮山洞、句曲山洞、林屋山洞、括苍山洞。三十六小洞天是：霍桐山洞、东岳太山洞、南岳衡山洞、西岳华山洞、北岳常山洞、中岳嵩山洞、峨嵋山洞、庐山洞、四明山洞、会稽山洞、太白山洞、西山洞 、小沩山洞、灊山洞、鬼谷山洞、武夷山洞、玉笥山洞、华盖山洞、盖竹山洞、都峤山洞、白石山洞、岣嵝山洞、九疑山洞、洞阳山洞、幕阜山洞、大酉山洞、金庭山洞、麻姑山洞、仙都山洞、青田山洞、钟山洞、良常山洞、紫盖山洞、天目山洞、桃源山洞、金华山洞。七十二福地是：地肺山、盖竹山、仙礚山、东仙源、西仙源、南田山、玉溜山、清屿山、郁木洞、丹霞洞、君山、大若岩、焦源、灵墟、沃洲、天老岭、若耶溪、金庭山、清远山、安山、马岭山、鹅羊山、洞真墟、青玉坛、光天坛、洞灵源、洞宫山、陶山、皇井、烂柯山、勒溪、龙虎山、灵山、泉源、金精山、合皂山、始丰山、逍遥山、东白源、钵池山、论山、毛公坛、鸡笼山、桐柏山、平都山、绿萝山、虎溪山、彰龙山、抱福山、大面山、元晨山、马蹄山、德山、高溪蓝水山、蓝水、玉峰、天柱山、商谷山、张公洞、司马悔山、长在山、中条山、茭湖鱼澄洞、绵竹山、泸水、甘山、瑰山、金城山、云山、北邙山、卢山、东海山。这些地方，也就是道教的神仙世界。

道教信奉的神，最尊贵的是“三清”，即玉清境清微天元始天尊、上清境禹余天灵宝天尊、太清境大赤天道德天尊。

道教分宇宙为大罗天、三清境、四梵三界三十二天，共三十六天。谓各天都有帝王治其中，并有辅佐之神无数；又有日月星辰、风雨雷电及山川等神团，神名繁多。其中有主宰天地事务的“四御”，即玉皇大帝、勾陈上宫天皇大帝、中天紫微北极大帝、后土皇地祇。其地位在“三清”之下。

“四御”之下，又有十方诸天尊、圆明道母天尊、三官大帝、降魔护道天尊、真武大帝、文昌帝君、太乙救苦天尊、太乙雷声应化天尊、南极寿星、东岳大帝等神。十方诸天尊，即东方玉宝皇上天尊、南方玄真万福天尊、西方太妙至极天尊、北方玄上玉宸天尊、东北方度仙上圣天尊、东南方好生度命天尊、西南方太灵虚皇天尊、西北方无量太华天尊、上方玉虚明皇天尊、下方真皇洞神天尊。圆明道母天尊即北斗星。谓南斗注生，北斗注死。故人有病，多向北斗星乞命。“三官”即天官、地官、水官。真武大帝为镇北方的尊神，又说是“雷部之祖”，总管风雨雷电之神，又以为“武曲”大神。文昌帝君即四川大神梓潼张亚子，谓天上掌管文化教育的尊神。降魔护道天尊，即道教创始人张道陵，主降魔护道。太乙雷声应化天尊，是道教中的护法大神。南极寿星，亦称南极长生司命真君，为道教中司长寿之神。东岳大帝，又称东岳天齐大帝，为道教所奉泰山之神，位居五岳神之首。

又下为“灵官”。有所谓“十天灵官”、“九地灵官”、“水府灵官”、“五百灵官”、“五显灵官”。五显灵官是五百灵官的首领，亦称“灵官大圣华光五大元帅”。他们巡察世界，济世护法。

道教的“功曹”分为值年、值月、值日、值时之神。凡人间祭祀时“上达天庭的表文”，焚烧后即由功曹呈递天庭；他们也有护法、赏善惩恶等监察人们行为的职责。

道教的“城隍”，是阴间的县官。“土地”，是道教中的保、甲之神，道观中不供奉，只有在举行醮仪时，道士作法，念《土地咒》，才召土地爷奉敕行令，以供役使。此外，还有灶君、门神、财神，道观中也不供奉。

以外，还有“八仙”，即铁拐李、汉钟离、张果老、何仙姑、蓝采和、吕洞宾、韩湘子、曹国舅。还有天仙、地仙、散仙，师祖等。总之，道教的神很多，不能一一列举。

道教的各派都崇拜神仙，其中正一派重醮仪，比较崇敬灵宝天尊；茅山派重道教经典，比较崇敬元始天尊；丹鼎派重修炼，比较崇敬太上老君；符箓派较重祈禳敬神。

按道教的传统规定：出家入道，首先要拜师学经，蓄发结辫。此时要诵习《早晚功课经》、《三官经》、《玉皇经》、《玉皇宝忏》、《斗科经》及作道场的经咒，然后受戒。受戒，表示接受法，成为正式法嗣。新入道者，由各庙的师父推荐，到大观（十方丛林）受戒，多者达千人。戒期为50～100天，都住在观内，过严格的宗教生活。受戒时，举行盛大的开坛受戒议式，传戒者主要是大观的方丈，这时称传戒律师。律师之下，还有证盟师、监戒师、保举师、演礼师、纠仪师、提科师、登箓师、引请师、纠察师、道值师，共同主持授戒。在此期间，入道者要诵读初真戒、中极戒、天仙戒等条文，受戒期满，便名入《登真箓》，取得戒衣、戒牒，成为正式的道士。

道士要遵守戒律和清规。戒律是防止犯罪的警戒条文，清规是对违反戒律者的惩罚条例。戒律有“三戒”、“五戒”、“八戒”、“十戒”、“老君七十二戒”，戒条最多的达1200条。其中如“十戒”，内容为：第一戒，不得违戾父母师长，反逆不孝；第二戒，不得杀生屠害，割截物命；第三戒，不得叛逆君王，谋害国家；第四戒，不得淫乱骨肉、姑姨、姊妹及他人妇女；第五戒，不得毁谤道法，轻泄经文；第六戒，不得污漫静坛，单衣裸露；第七戒，不得欺凌孤贫，夺人财物；第八戒，不得裸露三光，厌弃老病；第九戒，不得耽酒任性，两舌恶口；第十戒，不得凶豪自任，自作威利。戒律条文虽多，但执行并不很严格。在道教中，全真道比较重戒律，正一道则十分松弛。

清规由各道观自己制定，轻者罚跪，中则责打、驱逐，重则处死。今将白云观于清咸丰六年（1856）公布的《执事榜》，摘举几条如下：开静贪睡不起者，跪香（即罚跪一炷香的时间）；早晚功课不随班者，跪香；上殿诵经礼斗，不恭敬者，跪香；本堂喧哗惊众，两相争者，跪香；三五成群，交头结党者，迁单（即驱逐）；公报私仇，假传命令，重责迁单；毁谤大众，怒骂斗殴，杖责驱出；茹荤饮酒，不顾道体者，逐出；违犯国法，奸盗邪淫，坏教败宗，顶清规，火化示众。

按规定，道士、道姑每天都要过宗教生活。如在大道观，每天五更，以撞钟、击鼓或打云板为号令，大家便起床，洒扫庭院、殿堂，然后整齐冠服，齐集大殿拈香行礼，念诵早坛功课经。这叫“开清”。早坛功课经包括：《净心神呪》、《净口神咒》、《净身神呪》、《安土地神呪》、《净天地解秽呪》、《祝香呪》、《金光神呪》、《开经玄蕴呪》、《太上老君说常清静经》、《太上洞玄灵宝升玄消灾护命妙经》、《太上灵宝天尊说禳灾度厄真经》、《无上玉皇心印妙经》、《玉清经》、《上清诰》、《太清诰》、《弥罗诰》、《天皇诰》、《星主诰》、《后土诰》、《神霄诰》、《北五祖诰》、《南五祖诰》、《七真诰》、《普化诰》、《丘祖忏悔文》、《灵官呪》、《土地呪》。这些经咒不一定都要念，一般主要念《清静经》、《心印妙经》。早坛功课之后，便列队入斋堂，念化斋经，吃斋饭。早飧后，便各司殿堂，执行各自的任务；有的研习教义，有的自己练功。午飧前，有的观还要上殿诵经，一般念《三官经》。下午继续执行各自的任务，或研习，或练功。晚上有晚坛功课经，念《太上洞玄灵宝救苦妙经》、《元始天尊说升天得道真经》、《太上道君说解冤拔罪妙经》、《斗母号》、《三官诰》、《玄天诰》、《祖天师诰》、《文昌诰》、《吕祖诰》、《萨祖号》、《救苦号》、《土地咒》。晚上起更，便止静（即休息）。每月初一、十五为斋日，早晚功课还加念《玉皇经》、《三官经》、《真武经》等。只有“戊不朝”，即逢“戊”日不举行宗教活动。节日则举行斋醮，内容包括祭星、设道坛念经。

道教认为：朝夕念经乃“出家之上事，丈夫之道德”。《太上全真早坛功课经序》说：“功课者，课功也。课自己之功者，修自身之道也”。修自身之道，要靠先圣经典。念上圣的经书、玉诰，则明自己的本性真心。认为“非科教不能弘扬大道，非课诵无以保养元和”。因为“经”是前圣的心宗，“诰”是古仙的妙法。诚心诵者则“经”明，照着做者则“法”验。经明了则道合于内，法验了则术显于外。经明、法验两全，就有了内功外功。这是道士的规范，升仙者的阶梯。也有靠吐纳之术（即气功）练功和炼服金丹，作为修道成仙之路的，但他们也要念经、咒。全真派重诵经，正一派重符箓。

道士通行的道术有：卜卦、抽签、测字，以此来替人测未来的凶吉。其次是符箓、祈禳、禁咒。“符箓”就是依照“天神”所授的信符，按诸神名册所定的职责，命令某神去执行消灾的任务。再次是炼丹，又分为炼外丹和内丹，外丹是用八卦炉将丹砂等矿石药物炼成丹药，谓服之使人“长生不死”。内丹以人体为炉，修炼“精、气、神”（即练气功），在体内结丹，丹成则人可“成仙”。修真时要内观、守静、存思、守一。“内视”就是要慧心内照，“守静”就是使神不出游，“存思”就是用此法使外游之神返回身中。《存思三洞法》说：“常以旦思洞天，日中思洞地，夜半思洞渊；亦可日中顿思三真。”“守一”，即使意念专注于身中的某一处，守气守神，静身存神。这种练气功的结果，自然对身体有好处。

5 清代内地的喇嘛寺建筑

自元代吐蕃地区归服以来，喇嘛佛教逐渐传入内地，喇嘛寺在内地随之兴起。但是，元代的喇嘛活动多系流动性质，故兴建的喇嘛寺很少，一个也没有保留下来。

明代继承元代对喇嘛教的政策，优待喇嘛，在北京、五台山及西宁卫地区，都建有喇嘛寺。但也不多，内地保存至今的一个也没有。

明代后期，喇嘛教传入蒙古地区（包括喀尔喀蒙古和厄鲁特蒙古地区），势力益盛。清初，蒙、藏两族都奉信喇嘛教，人民惟喇嘛寺之命是从。因此，清政府虽然对内地的佛教采取限制政策，但是为了安定蒙古、藏族地区，却非常尊重喇嘛教。清代诸帝不仅给予高级喇嘛以各种封号、特权和丰厚的赏赐，而且在内地，特别是在京郊、避暑山庄周围、五台山、西宁府等处，为他们和蒙、藏王公喇嘛建立喇嘛寺。在清代，通过这些喇嘛寺院，促进了内地和蒙、藏地区的政治、经济联系，促进了满、汉、蒙、藏民族之间的文化交流和友好关系。可以说，在内地的喇嘛寺，是全国统一的象征，各族人民友好的象征。

清代内地建立喇嘛寺，在布局和建筑上有汉、藏寺院建筑风格相结合的（如北京的东黄寺、河北承德市避暑山庄的普宁寺）。现将保留至今几座完好的喇嘛寺，介绍于下。

清朝最早建造的喇嘛庙有两座：一座是位于今北京市朝阳区安定门西北的东黄寺（又名普净禅林），系顺治九年（1652）活佛脑木汗领导修建；另一座是位于安定门外西北黄寺大街的西黄寺。东黄寺，是顺治九年清廷专为来京朝觐的五世达赖罗桑嘉措建造的，故俗称达赖庙。这年，五世达赖应世祖的邀请，率领3000人，从拉萨到北京朝觐。顺治帝派和硕承泽亲王硕塞前往迎接，赐达赖坐金顶轿进入京城，并亲至南苑接见。达赖居住东黄寺期间，多次为在京的满、蒙、藏、汉各族僧人、居士、信徒讲经、祈祝。次年二月，达赖在辞京返藏之前，顺治帝赐予他金印、金册，敕封他为“西天大善自在佛领天下释教普通瓦赤喇怛喇达赖喇嘛”。自此，“达赖喇嘛”的封号正式法定下来，世世相传。东黄寺后来便成为西藏与清廷联系的纽带。该寺因年久失修，至民国已基本报废。

西黄寺，系乾隆四十五年（1780）为六世班禅准备的住所。这年秋天，六世班禅额尔德尼罗布藏巴勒垫伊喜专程来为乾隆帝祝贺七十大寿。他于七月至热河，乾隆帝在承德避暑山庄热烈地接见他后，即带他回北京。事先命皇太子在西黄寺花园中新筑城垣，内支蒙古包，供班禅随意居住。在西黄寺，班禅受到了亲王、大臣们的拜访与问候。他曾在寺内多次讲经、布道，接受喇嘛和信徒的朝参。当时西黄寺名噪京师，香火极盛。不久，六世班禅染上天花，医治无效，于阴历十一月初一日在京圆寂。乾隆帝为之辍朝一日，下诏备檀香木棺装殓班禅遗体，令京城所有寺庙为班禅念经49天；又以赤金铸班禅遗像一尊，供于西黄寺大殿；另赐赤金七千两，造金塔一座，上嵌珍珠，将班禅遗体移置金塔中。次年春，由北京启程运回西藏时，乾隆帝亲率王公大臣到西黄寺拈香、送灵。四十七年，为了纪念六世班禅，诏令在寺内建起一座他的衣冠石塔，赐名“清净化域塔”，俗称班禅塔。

西黄寺坐北向南，共三进院落，占地近12000平方米。前面是山门，往北，是一座面阔三间的藏式罩楼，是班禅总管黄教办公的地方。新中国成立前被烧毁。1952年，在原台基上改建成平房。前方左右，有钟楼、鼓楼。又北，便是供奉佛像的大殿，面阔五间，单檐、歇山式、琉璃瓦。前方有两座碑亭，造型和内容各不相同：东碑亭下为赑屃（音 bì xì，龙头龟身，传为龙生九子之一，性好负重）座，碑身前后的书刻，记述了六世班禅的功绩与建造衣冠塔的意义；西碑亭内的碑雕刻精美，上有乾隆皇帝的题诗，对六世班禅的一生，作了高度的评价。两座碑亭的边柱上，都刻着对称的喇嘛教常用的“八宝”图案。

大殿之后是清净化域塔。塔的前后，各有一座仿木结构的汉白玉石牌坊，雕刻精细，形制典雅。清净化域塔建筑在一个3米多高的石基台上。台基平面呈“𤸎”字形，四角均向内收两折，四周有白石栏杆围绕。台前两侧各有石雕辟邪一头，长尾带翅，张口伸舌，形象生动。台基面上四角，各有塔式经幢一座，幢身下层刻着经文，四周都有石护栏围绕。整个塔用精美的汉白玉砌成，形制为“佛陀伽耶”式：中为大塔，四角各有一座小塔。中央主塔高约1.5米，由塔基、塔身、塔顶三部分组成。塔基呈八角形，八面各雕有佛祖的传奇故事一幅。画面虽小，但景物刻画细致生动，人物有菩萨、罗汉和信徒，衬以屋宇、山石、树木，景物细致生动，呼应配合，连成一气，成为一个完整而精美的雕刻艺术品。塔基之上为八角须弥座，各层饰以卷草、莲瓣、云彩、蝙蝠等花纹。须弥座的转角处，又各雕有力士像一尊。此八力士，个个束发，光背赤足，筋肉突起，威武雄壮。须弥座之上是覆钵式的塔身，塔身正面有一个佛龛，内雕三世佛像，两旁围着八个菩萨站像。塔顶的下部是一方形折角小座，其上依次是莲花座、相轮、宝瓶金顶。主塔的四角，是四座小塔。由基座、塔身、塔顶三部分组成，塔身为二层，形制略同于汉式宝塔。

整个塔虽然是按印度的佛陀伽耶式建造的，但主塔的结构和形制，却是我国西藏喇嘛式的，而佛教故事画中的人物、建筑和花纹装饰，又是我国汉族艺术的传统手法。该塔把这些不同的艺术风格融汇为一体，成为清代建塔艺术上的一大杰作，也是汉藏两族亲密友谊的象征。

清净化域塔之后是后楼。形制为藏式。

在清代，西黄寺的香火一直兴盛。每逢藏历新年，这里都演出跳神和各种藏戏，十分热闹。

雍和宫，位于北京市东城区雍和大街东北，占地约 66000 多平方米，红墙黄瓦，是北京地区规模最大、最豪华的喇嘛寺。它本是清雍正帝胤祯为和硕雍亲王时的王府，乾隆九年（1744）改建为喇嘛寺，至次年八月完成。整个寺院建制仍以旧雍和宫为轮廓，而大殿、门窗、布饰，则参照藏式。它的前半部稀疏开阔，仅有影壁和几座牌楼、门楼、碑亭点缀其间；后半部则建筑物密集，飞檐重阁，纵横交错。主要大殿都位于南北中轴线上，从钟楼、鼓楼、碑亭到各个配殿，都严格建于中轴线两侧，互相对称。整个建筑是汉藏建筑艺术的结合，外形庄严宏丽。而寺院各殿，由南至北，采取梯形，逐渐升高，四周围以红墙，这就更增加了雍和宫的宗教气氛和神秘感。

雍和宫坐北朝南，共七进院落，五进殿宇。宫门外有一对巨大的石狮，张牙吐舌，蹲坐两侧。走进北门，是一片宽阔的广场，南面是一座绛红色的影壁，东、西两边各有一座彩色牌楼。北面又有牌楼一座，四柱九顶，别具一格。由此向北，是一条笔直平坦的

“辇道”，直接昭泰门。在清代，是专供帝王降香、拜佛时行走的，他人不得擅行。辇道两旁没有建筑物，只有郁郁葱葱的树木，这增添了寺院的宁静。昭泰门是一座斗拱、琉璃瓦顶盖别致的建筑，门洞高大宽阔，气势磅礴；两侧的垛墙，全是琉璃烧制的精巧浮雕，除了造型生动的二龙戏珠之外，正中还嵌有“寿”字图案，表示“福寿双降”之意。穿过昭泰门，又是一座庭院。里面古槐参天，绿叶成荫；几株碧桃，枝叶茂密。还有四座雕梁画栋的亭、楼，其建筑采用一般寺院钟鼓楼的那种歇山重檐式的顶部构造，再加一个描金彩画的外部回廊。这是别处所没有的。在钟、鼓楼之后，是两座两重飞檐、造型新颖的八角形碑亭。在高大的石碑上，刻着乾隆撰写的概述雍和宫由雍亲王府到喇嘛庙的发展过程说明。东亭碑为满文和汉文，西亭碑为蒙文和藏文。

碑亭之北是天王殿。大殿正中的金漆雕龙宝座上是巨大的弥勒佛塑像，袒胸露乳，满脸堆笑。两侧是四大天王即“四方护法主”塑像。东面是多闻天王、广目天王，西面是增长天王、持国天王。个个身体魁梧，相貌威严，金盔金甲，各踏两个代表邪恶的小鬼（即“八大怪”），横眉怒目，作嗔呵之状。大殿背后，是护法神韦驮塑像。他顶盔贯甲，手持金刚杵，神态严峻，目视远方，腾云驾雾。

天王殿之北，又是一个庭院。中央是一尊 4 米高的“鳝鱼青”大铜鼎，上端有六个火焰门。其上雕有二龙戏珠，底座平面有三狮戏球，神态各异，造型生动。铜鼎之后是御碑亭，垂脊、飞檐、黄色琉璃瓦。中间耸立着石幢，上面刻有乾隆晚年撰写的《喇嘛说》。前部分叙述西藏喇嘛教的来源和发展；其次说明他信奉黄教的真实用意——“兴黄教即所以安众蒙古”；最后，着重阐述“呼毕勒罕”（蒙语，为“活佛转世”）的由来、弊端及整顿。该文分别用汉、满、蒙、藏四种文字，刊刻在石幢的四面。御碑亭之北的汉白玉椭圆地上，有一座雕琢精巧的铜山，这便是印度神话传说中的须弥山。山的最高处为帝释天，半山腰为四大天王，周围环绕着九山八海，最外层的咸海四周才是人间。在帝释天下面有一圈星象图。星座是按古代天文观测的结果排列的，它表现为茫茫宇宙中仙境与人间分隔的情景。

走过须弥山，便是歇山式的雍和宫雄伟建筑。精巧古雅，色调鲜明。里面的朱红柱子、天花板和藻井上，都绘刻着彩画。殿的正中，供奉着三世佛：西为过去佛燃灯，中为如来佛释迦牟尼，东为未来佛弥勒。在如来佛左右，是弟子迦叶和阿难。大殿两旁，是十八罗汉；其后是十八幅长丈余的彩绣“阿罗汉像”，全是庄严菩萨式的天竺装束，一个个端坐在莲台之上。这种中、印对照的陈列方法，为雍和宫所独创。彩绣系清代西藏贡呈的古物。在二进的东、西山墙上，挂着三十多幅一丈多长的五彩佛像，据说都是如来佛的化身，总名为“忏悔寿佛”，也是清代西藏进贡的。在后门左右墙上，挂着两幅五彩佛像；像前又各有一尊鎏金的铜佛，右为地藏王，左为弥勒，半印度半中国装束，背后都有围屏式的火焰背光，雕刻精美，为乾隆十五年（1750）中正殿造办所作。

在雍和宫正殿前面的东西两厢，各有十四间楼房。东厢楼房叫“温度孙殿”（或东配殿），是学习密宗经典的“巨特巴扎桑”（即密宗讲经堂）。殿内所供的全是密宗佛像，为数不下数百，其中不少是“欢喜佛”，因而成了雍和宫最引人注目的地方。西厢楼房名“擦尼特扎桑”（或西配殿），是学习显宗经典的地方，里面供奉的全是显宗佛像。在两殿之北，各有三间房，名叫东库房、西库房，是存放法器、法衣、经卷和什物的地方。

雍和宫大殿之后是永祐殿。面阔五间，前后二进，单檐，歇山顶，前后带廊。殿内中央莲花宝座上的三尊神像，均用名贵的白檀木雕制而成。中间的是无量寿佛（即阿弥陀佛），高2.208米，身穿黄袈裟，头戴藏式五佛冠，手托宝瓶。两边是狮吼佛和药师佛。永祐殿两侧，各有一座宽五间带廊的配殿。东配殿名“额木奇殿”或“曼巴扎桑”，即学习医学的地方。他们所学的《医学经》和《方药考》，都是古印度的医术。西配殿名“扎宁阿扎桑”，是学习历数和历法的地方。他们所学的历数和数学，是古代天竺和西藏神话式的“佛历”。

永祐殿之后，是法轮殿，它是雍和宫中最大的殿堂。面阔七间，殿前殿后又各出抱厦五间，平面呈“十”字形。玉阶、黄琉璃瓦。在高大的屋顶上，有五座天窗式的小阁，中间一座较大，两旁四座较小。小阁之上，各有一座鎏金的宝塔。这种汉式宫殿之上加上喇嘛寺院的装饰，表现出汉、藏文化艺术的结合。阳光从阁楼的窗子射进来，照得殿中的佛像闪闪发光，给人以佛光自发的感觉。

法轮殿是全雍和宫喇嘛念经的地方，里面 1/3 都是经坛，大殿正中，供奉着黄教创始人宗喀巴的大铜像，高达 6.10 米，脸部、手、臂都用真金装饰，显得格外璀璨耀眼。1931 年以前，这里供奉的是乾隆十年（1745）西藏多罗郡王颇罗鼐进贡的一尊纯金佛祖像，制作精巧。乾隆还亲笔写了佛赞，并装裱成轴，挂在金佛背后（此轴在 1900 年被八国联军抢去）。宗喀巴大铜像运进大殿之后，才把这尊金佛从殿堂正中移开。在大殿的两边，有两幅巨大的壁画，画的是佛祖降生、学艺、出家到成佛的神话故事。壁画前面的木架上，陈列着大批佛经，其中《大藏经》108 部，《论藏经》207 部，还有乾隆亲笔抄写的《大白伞盖仪轨经》和《药师经》。在大法坛宝座后面，是雕刻精细的木质大围屏，上面挂着一幅巨大的立轴五彩绣像。围屏对面，是著名的五百罗汉山。高 3.40 米，宽 3.45 米，厚 0.3 米，系用名贵的紫檀木细雕精镂而成。罗汉山上山峦重叠，石级盘旋，洞穴深邃，古柏参天，亭阁错落，宝塔耸立，飞禽走兽，出没其间。五百罗汉用金银铜铁锡铸成，布满山间。在这十几层的山上，每层都有罗汉，而以底层为最多。由底层向上，穿过一座独木桥，在那迂回曲折的小路上，只见山羊在歇息，猴子在玩耍，驮着罗汉的狮子、老虎在行走或喝水。有的罗汉在练功，有的在玩耍，有的在打坐，或站或行，动作不一，形态各异。使人感到清静幽雅，赏心悦目。这座由清宫如意馆的“供奉艺术家”设计，闽、粤、苏、浙雕刻家雕塑的五百罗汉山，在质料、雕艺、造型方面可以说是三绝。从乾隆到现在的两百多年的漫长岁月中，经过几次改朝换代和多次战乱，这五百罗汉山也频遭厄运，现已丢失了五十一尊罗汉，令人非常痛惜。

法轮殿的左边，有一座高阁式的二层楼房，上层宽三间、深三间，共九间；下层宽五间，深五进，共二十五间，旧社会谓之“九五坛楼”。原是乾隆给雍正祈求冥福的地方。乾隆四十五年（1780），六世班禅来北京为乾隆祝寿时，曾在此楼讲经说法，故又称为“班禅楼”。右边也有一座同样的楼，楼内有一座三层方台，每层都围有白石栏杆。这是乾隆四十四年（1779）仿照承德广安寺的戒台修建的。乾隆皇帝曾于此台上静坐参禅、讲经说法，故称此楼为“戒台楼”。

法轮殿的东厢是东配殿，是专门供欢喜佛的地方，因此又称鬼神殿。西厢为西配殿，里面供奉的全是庄严清静的佛像，与凶淫恶煞的欢喜佛完全不同。

法轮殿之后是万佛阁。其高 23 米，飞檐三重，全部为木结构，分上中下三层，每层都是五间五进，共 75 间，而且四周全有走廊。阁楼正中，是用七世达赖进贡的一株白檀香树雕成的弥勒佛站像，高 26 米（地下 8 米，地上 18 米），胸部正当第二层楼，头顶距第三层楼的天花板只有几十厘米。整体比例匀称，体躯雄伟。

万福阁左右各有一座两层上下共 10 间的楼房，左名永康阁，右名延绥阁。两阁各有悬空阁道与万福阁相通，使三阁组成一组建筑群。永康阁中央是转轮藏。上部是一座木刻彩画八角塔形的阁楼；中部是八角形的带走廊的亭子，以及佛像、天神、力士和山石等。其下是一个 30 厘米深的圆坑。中央竖立着一根粗长的铁柱，下端插入圆坑的轴槽内，上端一直通到转轮藏顶中央的轴槽内；铁柱的上下四周的铁轮和横梁，把这巨大的转轮紧紧套住，使之距离圆坑的地面约高 16 厘米。转轮藏底部有一个旋转机关，连接着里面铁柱上的大铁轮。随着旋转机关的转动，整个转轮藏就像走马灯一样转动起来。

延绥阁中央有一座狮子座式的大莲台。莲台上有一个木刻的没有开放的金色大莲花，其下是一个枢纽式的机关。只要转动这个机关，那未开放的莲花立刻开放成一朵巨大的多层莲花，在莲瓣中央的花蕊之中，便出现一尊合掌端坐的释迦牟尼像；如果再转动机关，莲花合闭，又恢复原状。因此，称之为“开莲现佛”。

万福阁前面的东、西厢，各有两层共十间的楼房，东厢名“照佛楼”，西厢名“雅木达嘎楼”。照佛楼原为乾隆母亲的供佛之处。楼内北端，供奉着仿照木刻旃檀佛的式样铸成的释迦牟尼及阿难、迦叶的铜像。释迦牟尼铜像高 2. 24 米，头戴藏式五佛冠，身披黄绸袈裟，右手挂着铜哈达。其佛龛用楠木雕刻而成，从一楼地面直达二楼楼顶，像一座戏台。前面是两根金色蟠龙柱；在横梁上雕着 99 条金龙，中间是二龙戏珠，其他或翘首腾云，或俯首击水，或摇身起舞，活灵活现，巧夺天工，为雍和宫“三绝”之一。大佛背后，是一座围屏式的火焰背光。这座火焰背光用楠木雕成，上面漆以金色，并镶着大大小小的黄铜镜。当夕阳照射时，佛像背后的火焰背光凸起部分便形成红色的火焰，凹进部分则似火中的黑炭，而火焰通过黄铜镜的作用，向四周吐射，沿着围屏绕成一道光圈，照佛楼因此而得名。

西厢的雅木达嘎楼里供奉的是“大威德金刚”佛，又名“大黑神”或“大黑天”。他是一尊狗头人身而半裸体的欢喜佛，身上挂着许多人头，脚下踏着几个裸体女人。因大黑神是司武之神，能退强敌，故清代乾隆、嘉庆、道光、咸丰四朝每有战事，必派大臣祭祀这尊佛像，并令喇嘛每天来此念经。班师回朝后，就把缴获的重要兵器送到这里来献祭，然后才收藏于中南海紫光阁后面的武成殿。其余五尊佛像，与大黑神的形象相似。

万福阁之北是绥成殿。因其在雍和宫最北，故又称为后楼。这是一座上、下两层的十四间带走廊的楼房，地势最高。大殿正中，供奉着一尊三头六臂的“大白伞盖佛母”像，左边是“白救度佛母”像，右边是“绿救度佛母”像。

绥成殿东、西各有一楼，也是上下两层共十四间带走廊的楼房，比绥成殿略矮。东边的叫东顺山楼，下层正中供奉的是“查尔察布”佛像，即达赖喇嘛的化身；上层是存放喇嘛做法会时用的道具的库房。西边的叫西顺山楼，里面供奉着五尊佛像，即“密宗五祖”。正中是龙树尊者，左边是阿谛沙、天亲，右边是乌着、卢木。整个大殿及东西楼，显得清静庄严肃穆。

承德市避暑山庄的普宁、普乐等寺，是清帝为接待蒙古王公、西藏达赖、班禅及活佛而建的，规模都很宏大。普宁寺位于避暑山庄东北五里，因寺内有一尊巨大的木雕佛像，故又称大佛寺。创建于乾隆二十年至二十三年（1755～1758）。这时，清朝最后平定了准噶尔，高宗为了庆祝胜利，欢迎前来的厄鲁特蒙古准噶乐、杜尔伯特、辉特、和硕特四部的上层人物；以其信仰喇嘛佛教，故为他们修建普宁寺，供他们居住和进行宗教活动。

普宁寺坐北朝南，依山就势，建筑规模宏大，占地面积达2.3万平方米。分为前、后两大部分。大雄宝殿之前的建筑及布局，全是汉式的，主体建筑都在一条中轴线上，附属建筑分列两旁；后面部分则模仿西藏三摩耶庙的形式修建。故普宁寺是汉藏建筑形式相结合的典型寺庙之一，在中国建筑史上有着重要地位。

该寺最前面的是山门，面阔五间，中央三间为拱门，两梢间置拱窗；单檐，歇山顶。室内是二仁王立像。山门两侧用低墙连接，左右各开一个旁门。山门之后，东、西为钟楼、鼓楼，正中为三间方形碑亭，每间各有高宗御制石碑一块：中间的是《普宁寺碑》，叙述兴建普宁寺的缘起、设计、原则和目的；东边是《平定准噶尔勒铭伊犁之碑》，碑文内容为平定准噶尔最后一个汗达瓦齐的经过；西边是《平定准噶尔后勒铭伊犁之碑》，碑文内容为平定阿睦尔撒纳叛乱的经过。碑均为方形，四周用满、汉、蒙、藏四种文字刻写，是十分珍贵的历史文物资料。

碑亭之后是天王殿，面阔五间，进深三间，单檐、歇山顶。殿中是弥勒佛的坐像，憨厚慈祥，笑容可掬。背后是韦驮站像，两侧是四大天王：东方持国天王身着白色戎装，手挥琵琶；南方增长天王身穿青色铠甲，手执宝剑；西方广目天王身着红色盔甲，手执癔索；北方多闻天王身穿绿色戎服，手执宝幢。天王殿的东、西，有腰墙相连。左右各有一门。

天王殿之后是大雄宝殿。面阔七间，进深五间。中五间前装隔扇门，两梢间前面为拱窗。重檐，歇山顶，上覆黄琉璃瓦，檐口用绿色琉璃瓦。正脊中央饰以鎏金的舍利塔。殿内的佛台上，供奉着三世佛像；两边靠墙是十八罗汉塑像。墙上是汉族画法的十八罗汉，北墙上画的，自西而东，依次为除后藏、地藏王、观世音、虚公障、金刚手、弥勒、文殊、普贤像，画法完全是藏式，均工笔细腻，色彩鲜艳，为清代壁画中的珍品。

大雄宝殿东西各有配殿，均面阔五间，进深三间，单檐，歇山顶。东配殿内原供有大黑天护法神一尊，今已毁。西配殿内供有骑白象的普贤、骑犼的文殊和骑青狮的观音。此外，东西配殿中原有五百罗汉，现只剩二百余尊了。

大雄宝殿之后，全是藏式建筑、曼荼罗式布局。地平面比前半部高出 9 米，建于石崖之上，分为东、中、西三组。大雄宝殿之后，是一列高耸的石砌坎墙。墙上正中，有一座三角殿，平面呈梯形，前窄后宽，庑殿式屋顶。南面前坡道登临处有两个拱券入口，北面有三个拱形孔道；东西两端，各有一条石阶道可通三角殿。可以说，设计别致。

三角殿之北的大台基正中，是大乘阁。它是全寺的主体建筑，仿三摩耶寺的主殿乌策殿而建。阁高 36.65 米，底层平面阔七间，进深五间。除房檐用琉璃做装饰外，其余建材全为木结构。从正面看，阁檐为六重；从侧看，阁檐为五层；阴面看，为四层；造型奇特。阁中有顶梁柱 24 根，其中 16 根为贴金柱。上为大方形攒尖屋顶，屋顶上的五个攒尖宝塔凌空而立，四角四个宝塔簇拥着中央一个大宝塔，使整个楼阁分外庄严高大，挺拔秀丽。阁内供奉着一尊大佛立像，高 22.28 米，腰围 15 米，用柏、松、榆、杉、椴五种木材有机结合雕刻而成，重约 120 吨。佛像比例匀称，造型雄伟，纹饰细腻，雕刻精美，是我国现存最大的木雕像之一。大佛脸上有三眼，表示他能知过去、现在和未来；身上共 42 臂，手中各执轮、螺、伞、盖、花、罐、鱼、肠、刀、枪、剑、戟、日、月、哈达等各种法器，象征吉祥如意和佛法无边。佛冠上镶着一尊坐佛，头上又顶着一尊高 1.4 米的佛像，表示对老师无量寿佛的尊敬。这是密宗之神，名叫大悲金刚菩萨，亦即千手千眼观音。在观音菩萨两旁，站着善才童子和龙女二胁侍像，均高 14 米。在左、右墙壁上，有 11300 多个小龛；每龛高 9 寸，清代都装有金色藏泥小佛像一尊。现仅剩数百尊。

大乘阁的四周，有很多小型建筑物。南面的金刚墙上，有梯形殿，代表赡部洲；北面的假山上，有方形殿，代表俱卢洲；东面的月牙城台上的殿，代表胜神洲；西面椭圆形城台上的殿，代表牛贺洲。其中赡部洲和俱卢洲原来分别供奉火德真君和财宝大王，所以两殿又分别叫火德真君殿和财宝大王殿。四殿左右，又建有八个白台和四座喇嘛塔，形状、颜色各异。八个白台或方或八角，代表“八小部洲”。四大部洲和八小部洲，就是以佛为主体的佛国世界。每座喇嘛塔都有台基、塔身、相轮等。西北角为白塔，镶有琉璃法轮；东北角为黑塔，镶有琉璃魔杵；西南角为绿塔，镶有琉璃佛龛；东南角为红塔，镶有琉璃莲花。这四座喇嘛塔代表着佛的“四智”，是构成世界的地、火、水、风四种元素。

大乘阁之南有两座汉式的四合院：东为妙严室，是乾隆登阁瞻礼时休息的地方；西为讲经堂，是皇帝来此听经之所。

妙严室之后，有月光殿，台基平面呈新月状，象征月亮；讲经堂后面有日光殿，台基平面为圆形，象征太阳：表示日月环绕佛身。二殿均面阔三间，进深一间，单檐，庑殿顶。

该寺的最后，山石堆叠，松林掩映，具有深厚的园林气氛。

普乐寺，位于避暑山庄东面的山冈上。自从平定准噶尔之后，蒙古王公都不断地来避暑山庄朝见和进贡，并陪同皇帝狩猎。为了尊重他们对喇嘛佛教的信仰，并给予适合他们的居处，决定修建此寺。该寺以乾隆三十一年（1766）正月动工，至次年八月完成，赐额“普乐寺”，取“普天同乐”之意。因此，它也是民族团结的象征。

普乐寺规模宏大，占地面积达 24000 平方米。平面呈长方形，分为前、后两部分。前部分由山门至宗印殿，布局为汉式，建筑为汉藏式；后部分为阇城，完全是藏式。该寺坐东向西，共有两个山门：前山门向西，正对避暑山庄；后山门面东，正对磬锤峰（即棒槌山）。这是我国寺院中罕见的布局。

前山门为一座单檐歇山顶建筑，中为大门，左、右为旁门。门外有一对石狮子和一根旗杆，十分气派。出大门，左右是钟楼和鼓楼，对面是天王殿。天王殿面阔五间，进深三间，单檐、歇山顶。脊为云纹琉璃瓦，并有三座琉璃喇嘛塔。殿内供有四大天王和弥勒、韦驮像，造型、色彩俱优。天花板为贴金团龙，彩框中有一条黑横线，表示中原与边区，皇帝一统天下之意。

天王殿之后，是宗印殿。殿面阔七间，进深五间，重檐歇山顶，上盖琉璃瓦，屋脊上有五彩缤纷的琉璃饰物，而以数条黄琉璃龙贯穿起来。正中是一座彩釉喇嘛塔，两边浮雕有伞、金鱼、宝瓶、莲花、法螺、法轮、法幢、八扎等吉祥八宝。殿内正中，内供三方佛，即无量光佛、释迦牟尼、燃灯佛，在释迦牟尼的背光上，有金翅大鹏鸟。在西侧山墙下，排列着八大菩萨像，南面是文殊、金刚手、观世音、地藏王；北面是除后藏、虚空藏、弥勒、普贤。天花板上，绘有西藏喇嘛教的六字真言及图案。

在宗印殿前的两侧，各有一座配殿，均面阔五间。南面的叫慧力殿，内供一尊三头六臂的马头金刚，一尊一头四臂的愤怒降魔王，一尊三头六臂的愤怒魔王变体。他们的身上都挂着 50 颗骷髅，这是代表梵文的 16 个声母和 34 个韵母。北面的叫胜因殿，内供秘密成就金刚、外成就金刚手、内成就金刚手，都是弥勒的化身。

宗印殿之后，跨过一道围墙，便是阇城（又称“经坛”）。它是普乐寺的主体建筑。城内有一座碑亭，碑上用汉、满、蒙、藏四种文字刻写的乾隆《普乐寺碑记》，内容为兴建普乐寺的目的、经过和意义。

“阇城”的布局非常特殊，建筑也很奇异。它共有三重墙，最外一层为高大坚固的正方形石城，城墙的四面正中开门，西面为正门；有石砌磴道进入城内，城内四周有围廊。二层墙上有雉堞，在四角和四面正中，各有琉璃喇嘛塔一座。四角的四个喇嘛塔均为黄色；东面的喇嘛塔为紫色，西面喇嘛塔为黑色，南面为青色，北面为白色。八座塔的形状相同，均为莲花基堆集而成。乾隆建此八塔，象征着对四面八方建立长期稳定的统治局面。第三层平台较小，台正中的圆座上，建有一座旭光阁，形制仿照北京天坛的祈年殿，共二十四间，重檐，伞式攒夹黄琉璃瓦顶。阁中央为一立体曼陀罗（坛场），用37块木头做成，代表37种学问（宇宙观）；上供胜乐王铜佛，俗称欢喜佛。阁顶为大型圆形斗八藻井，里圈为龙，外圈为凤，意为龙凤呈祥。雕工精细，金碧辉煌，具有很高的艺术价值。曼陀罗是喇嘛教密宗的道场，建这个高台，是为聚集诸佛诸贤，供人拜祭。所以佛经中又称曼陀罗为圣贤集会之处，取万德交归之意。

普乐寺平时没有喇嘛，只是在每年正月的初一、十五，各庙喇嘛聚此念经。

此外，避暑山庄附近的喇嘛庙还有普陀宗乘之庙（即小布达拉宫）、须弥福寿之庙、安远庙等。其布局和建制，也都是采取汉藏寺院建筑结合的形式。

明清以来，喇嘛教在五台山长盛不衰，其中著名喇嘛寺院有菩萨顶、罗睺寺、广仁寺。

菩萨顶，位于显通寺北面的灵鹫峰上。创建于北魏，传说文殊菩萨于此显真容，故称真密院。明永乐初改建，万历年间重修。为当时主管喇嘛事务的大喇嘛的居住地，菩萨顶因此成了五台山的喇嘛寺之首。至清朝，诸帝为了怀柔蒙、藏而崇敬喇嘛教，特许该寺参用皇家建制，使用皇宫专用的黄色琉璃瓦，特许住持该寺的扎萨克大喇嘛身着皇帝专用的龙袍。康熙时，命在菩萨顶前后门，派七品武官率马兵10名，步兵30名守护。于是，该寺的地位愈显重要。

菩萨顶前面是一座四柱七楼的木牌坊，其后是山门。山门之后，依次为天王殿、钟鼓楼、菩萨顶、大雄宝殿等主要建筑，两侧有配殿，后部有禅院和围廊。殿宇层层，规模宏伟。菩萨顶为重檐歇山式建筑，副阶周匝。大雄宝殿为单檐五脊式，有勾栏围绕。全部殿宇均用黄、绿、蓝三色琉璃瓦覆盖，历经数百年而艳丽不败。文殊院系清代重建，面阔三间，进深二间，单檐、庑殿顶。殿脊正中，有鎏金的铜法轮。大殿四周，有副阶匝绕及石雕回廊环护。其内的佛坛上，供奉着文殊乘狻猊的彩色塑像。东、西两侧，是十八罗汉像。还有十二幅菩萨像藏画，用金粉和五色彩石颜料工笔画成，是藏画中的精品。

菩萨顶共有殿、堂、楼阁及僧舍400多间，从南到北，长达一里。清嘉庆时，寺内有喇嘛500多人。最盛时达3000余喇嘛。至今喇嘛仍很多。

罗睺寺，位于五台山台怀镇显通寺之东，始建于唐，北宋时重建。至明，改建为喇嘛寺。因供奉佛祖之子罗睺罗而得名。清康熙、雍正、乾隆时特受青睐，累加修饰、扩建。现在寺内的殿堂阁院及其奇饰精雕，都保存完好。主要建筑有天王殿、文殊殿、大佛殿、藏经阁，以及厢房、配殿、廊屋、禅院等。在后殿中心，有一座木制圆形佛坛，坛的周围雕着波涛和十八罗汉渡江之像；当中的木制莲瓣内，有一方形佛龛，四方各有一佛，形制极为精美。莲瓣上设有中轴、轮盘、牵索，牵引时可开可合，佛像随之时隐时现，俗称“开花献佛”。该寺建筑主要为汉式，布饰为藏式。

广仁寺，又名十方堂，位于罗睺寺东侧，创建于清道光年间。因蒙、藏喇嘛朝五台山时，必到菩萨顶和罗睺寺，故道光年间特建此寺，以招待他们的食宿。“广仁”，即“普施仁惠”之意。广仁寺规模很小，只有三座大殿。但是布局严谨，建筑秀丽，里面的佛像无一尊泥塑、木雕，全是铜铸。该寺的建筑，有山门、天王殿、钟楼、鼓楼、中殿、后殿及配殿、厢房等。均按中轴线排列，东西对称。其中以中殿最为殊胜，其建筑为重檐、歇山式，原名“三宝殿”，内部分为三间，中间供释迦牟尼大铜像，在东、西两壁的壁龛上，供有黄教创始人宗喀巴的小铜像1000尊，各高5寸，制作精美。因此，中殿又俗称千佛殿。前面有设享亭，雕刻工艺水平很高。

后殿为文殊殿，单檐，悬山顶。殿有五楹。内供200余个文殊菩萨铜像。两侧傍壁为经橱，内藏明、清藏文佛经数千卷。前檐有廊屋一间，内有天花藻井，十分精致。

该寺主要为汉式传统建筑，布饰主要为藏式。

这些内地的喇嘛寺建筑证明，蒙、藏二族是中华民族的组成部分，喇嘛教曾为我国的文化作出了宝贵的贡献。

参考书目

1. 方立天：《中国佛教与传统文化》，上海人民出版社，1988。
2. 李养正：《道教概说》，中华书局，1989。
3. 田尚：《中国的寺庙》，中国青年出版社，1991。
4. 马书田：《华夏诸神》，北京燕山出版社，1990。
5. 文化部文物局主编《中国名胜词典》，上海辞书出版社，1986。
6. 任继愈主编《宗教词典》，上海辞书出版社，1985。
7. 北京市文物研究所编《中国古代建筑辞典》，中国书店，1992。

《中国史话》总目录

系列名	序号	书名	作者
物质文明系列（10种）	1	农业科技史话	李根蟠
	2	水利史话	郭松义
	3	蚕桑丝绸史话	刘克祥
	4	棉麻纺织史话	刘克祥
	5	火器史话	王育成
	6	造纸史话	张大伟　曹江红
	7	印刷史话	罗仲辉
	8	矿冶史话	唐际根
	9	医学史话	朱建平　黄　健
	10	计量史话	关增建
物化历史系列（28种）	11	长江史话	卫家雄　华林甫
	12	黄河史话	辛德勇
	13	运河史话	付崇兰
	14	长城史话	叶小燕
	15	城市史话	付崇兰
	16	七大古都史话	李遇春　陈良伟
	17	民居建筑史话	白云翔
	18	宫殿建筑史话	杨鸿勋
	19	故宫史话	姜舜源
	20	园林史话	杨鸿勋
	21	圆明园史话	吴伯娅
	22	石窟寺史话	常　青
	23	古塔史话	刘祚臣
	24	寺观史话	陈可畏
	25	陵寝史话	刘庆柱　李毓芳
	26	敦煌史话	杨宝玉
	27	孔庙史话	曲英杰
	28	甲骨文史话	张利军
	29	金文史话	杜　勇　周宝宏

系列名	序号	书名	作者
物化历史系列（28种）	30	石器史话	李宗山
	31	石刻史话	赵　超
	32	古玉史话	卢兆荫
	33	青铜器史话	曹淑琴　殷玮璋
	34	简牍史话	王子今　赵宠亮
	35	陶瓷史话	谢端琚　马文宽
	36	玻璃器史话	安家瑶
	37	家具史话	李宗山
	38	文房四宝史话	李雪梅　安久亮
制度、名物与史事沿革系列（20种）	39	中国早期国家史话	王　和
	40	中华民族史话	陈琳国　陈　群
	41	官制史话	谢保成
	42	宰相史话	刘晖春
	43	监察史话	王　正
	44	科举史话	李尚英
	45	状元史话	宋元强
	46	学校史话	樊克政
	47	书院史话	樊克政
	48	赋役制度史话	徐东升
	49	军制史话	刘昭祥　王晓卫
	50	兵器史话	杨　毅　杨　泓
	51	名战史话	黄朴民
	52	屯田史话	张印栋
	53	商业史话	吴　慧
	54	货币史话	刘精诚　李祖德
	55	宫廷政治史话	任士英
	56	变法史话	王子今
	57	和亲史话	宋　超
	58	海疆开发史话	安　京

系列名	序号	书名	作者
交通与交流系列（13种）	59	丝绸之路史话	孟凡人
	60	海上丝路史话	杜　瑜
	61	漕运史话	江太新　苏金玉
	62	驿道史话	王子今
	63	旅行史话	黄石林
	64	航海史话	王　杰　李宝民　王　莉
	65	交通工具史话	郑若葵
	66	中西交流史话	张国刚
	67	满汉文化交流史话	定宜庄
	68	汉藏文化交流史话	刘　忠
	69	蒙藏文化交流史话	丁守璞　杨恩洪
	70	中日文化交流史话	冯佐哲
	71	中国阿拉伯文化交流史话	宋　岘
思想学术系列（21种）	72	文明起源史话	杜金鹏　焦天龙
	73	汉字史话	郭小武
	74	天文学史话	冯　时
	75	地理学史话	杜　瑜
	76	儒家史话	孙开泰
	77	法家史话	孙开泰
	78	兵家史话	王晓卫
	79	玄学史话	张齐明
	80	道教史话	王　卡
	81	佛教史话	魏道儒
	82	中国基督教史话	王美秀
	83	民间信仰史话	侯　杰
	84	训诂学史话	周信炎
	85	帛书史话	陈松长
	86	四书五经史话	黄鸿春

系列名	序号	书名	作者
思想学术系列（21种）	87	史学史话	谢保成
	88	哲学史话	谷　方
	89	方志史话	卫家雄
	90	考古学史话	朱乃诚
	91	物理学史话	王　冰
	92	地图史话	朱玲玲
文学艺术系列（8种）	93	书法史话	朱守道
	94	绘画史话	李福顺
	95	诗歌史话	陶文鹏
	96	散文史话	郑永晓
	97	音韵史话	张惠英
	98	戏曲史话	王卫民
	99	小说史话	周中明　吴家荣
	100	杂技史话	崔乐泉
社会风俗系列（13种）	101	宗族史话	冯尔康　阎爱民
	102	家庭史话	张国刚
	103	婚姻史话	张　涛　项永琴
	104	礼俗史话	王贵民
	105	节俗史话	韩养民　郭兴文
	106	饮食史话	王仁湘
	107	饮茶史话	王仁湘　杨焕新
	108	饮酒史话	袁立泽
	109	服饰史话	赵连赏
	110	体育史话	崔乐泉
	111	养生史话	罗时铭
	112	收藏史话	李雪梅
	113	丧葬史话	张捷夫

系列名	序号	书名	作者
近代政治史系列（28种）	114	鸦片战争史话	朱谐汉
	115	太平天国史话	张远鹏
	116	洋务运动史话	丁贤俊
	117	甲午战争史话	寇　伟
	118	戊戌维新运动史话	刘悦斌
	119	义和团史话	卞修跃
	120	辛亥革命史话	张海鹏　邓红洲
	121	五四运动史话	常丕军
	122	北洋政府史话	潘　荣　魏又行
	123	国民政府史话	郑则民
	124	十年内战史话	贾　维
	125	中华苏维埃史话	杨丽琼　刘　强
	126	西安事变史话	李义彬
	127	抗日战争史话	荣维木
	128	陕甘宁边区政府史话	刘东社　刘全娥
	129	解放战争史话	朱宗震　汪朝光
	130	革命根据地史话	马洪武　王明生
	131	中国人民解放军史话	荣维木
	132	宪政史话	徐辉琪　付建成
	133	工人运动史话	唐玉良　高爱娣
	134	农民运动史话	方之光　龚　云
	135	青年运动史话	郭贵儒
	136	妇女运动史话	刘　红　刘光永
	137	土地改革史话	董志凯　陈廷煊
	138	买办史话	潘君祥　顾柏荣
	139	四大家族史话	江绍贞
	140	汪伪政权史话	闻少华
	141	伪满洲国史话	齐福霖

系列名	序号	书名	作者
近代经济生活系列（17种）	142	人口史话	姜　涛
	143	禁烟史话	王宏斌
	144	海关史话	陈霞飞　蔡渭洲
	145	铁路史话	龚　云
	146	矿业史话	纪　辛
	147	航运史话	张后铨
	148	邮政史话	修晓波
	149	金融史话	陈争平
	150	通货膨胀史话	郑起东
	151	外债史话	陈争平
	152	商会史话	虞和平
	153	农业改进史话	章　楷
	154	民族工业发展史话	徐建生
	155	灾荒史话	刘仰东　夏明方
	156	流民史话	池子华
	157	秘密社会史话	刘才赋
	158	旗人史话	刘小萌
近代中外关系系列（13种）	159	西洋器物传入中国史话	隋元芬
	160	中外不平等条约史话	李育民
	161	开埠史话	杜　语
	162	教案史话	夏春涛
	163	中英关系史话	孙　庆
	164	中法关系史话	葛夫平
	165	中德关系史话	杜继东
	166	中日关系史话	王建朗
	167	中美关系史话	陶文钊
	168	中俄关系史话	薛衔天
	169	中苏关系史话	黄纪莲
	170	华侨史话	陈　民　任贵祥
	171	华工史话	董丛林

系列名	序号	书名	作者
近代精神文化系列（18种）	172	政治思想史话	朱志敏
	173	伦理道德史话	马　勇
	174	启蒙思潮史话	彭平一
	175	三民主义史话	贺　渊
	176	社会主义思潮史话	张　武　张艳国　喻承久
	177	无政府主义思潮史话	汤庭芬
	178	教育史话	朱从兵
	179	大学史话	金以林
	180	留学史话	刘志强　张学继
	181	法制史话	李　力
	182	报刊史话	李仲明
	183	出版史话	刘俐娜
	184	科学技术史话	姜　超
	185	翻译史话	王晓丹
	186	美术史话	龚产兴
	187	音乐史话	梁茂春
	188	电影史话	孙立峰
	189	话剧史话	梁淑安
近代区域文化系列（11种）	190	北京史话	果鸿孝
	191	上海史话	马学强　宋钻友
	192	天津史话	罗澍伟
	193	广州史话	张　苹　张　磊
	194	武汉史话	皮明庥　郑自来
	195	重庆史话	隗瀛涛　沈松平
	196	新疆史话	王建民
	197	西藏史话	徐志民
	198	香港史话	刘蜀永
	199	澳门史话	邓开颂　陆晓敏　杨仁飞
	200	台湾史话	程朝云

《中国史话》主要编辑出版发行人

总 策 划	谢寿光	王　正	
执行策划	杨　群	徐思彦	宋月华
	梁艳玲	刘晖春	张国春
统　　筹	黄　丹	宋淑洁	
设计总监	孙元明		
市场推广	蔡继辉	刘德顺	李丽丽
责任印制	岳　阳